全国计算机等级考试

笔试考试习题集

二级 Visual Basic 语言程序设计

全国计算机等级考试命题研究组　编

南开大学出版社

天　津

图书在版编目(CIP)数据

全国计算机等级考试笔试考试习题集：2011版.二级
Visual Basic语言程序设计 / 全国计算机等级考试命题
研究组编. —7版. —天津：南开大学出版社，2010.12
　　ISBN 978-7-310-02268-7

　　Ⅰ.全…　Ⅱ.全…　Ⅲ.①电子计算机－水平考试－习题
②BASIC语言－程序设计－水平考试－习题　Ⅳ.TP3-44

中国版本图书馆CIP数据核字(2009)第190975号

南开大学出版社出版发行
出版人：肖占鹏
地址：天津市南开区卫津路94号　　邮政编码：300071
营销部电话：(022)23508339　23500755
营销部传真：(022)23508542　　邮购部电话：(022)23502200
*
河北省迁安万隆印刷有限责任公司印刷
全国各地新华书店经销
*
2010年12月第7版　　2010年12月第7次印刷
787×1092毫米　16开本　17.25印张　430千字
定价：31.00元

如遇图书印装质量问题，请与本社营销部联系调换，电话：(022)23507125

编委会

主　编：夏　菲

副主编：李　煜

编　委：张志刚　苏　娟　刘　一　毛卫东　刘时珍　敖群星

前　言

　　信息时代，计算机与软件技术日新月异，在国家经济建设和社会发展的过程中，发挥着越来越重要的作用，已经成为不可或缺的关键性因素。国家教育部考试中心自 1994 年推出"全国计算机等级考试"以来，已经经过了十几年，考生超过千万人。

　　计算机等级考试需要考查学生的实际操作能力以及理论基础。因此，经全国计算机等级考试委员会专家的论证，以及教育部考试中心有关方面的研究，我们编写了《全国计算机等级考试上机考试习题集》，供考生考前学习使用。该习题集的编写、出版和发行，对考生的帮助很大，自出版以来就一直受到广大考生的欢迎。为配合社会各类人员参加考试，能顺利通过"全国计算机等级考试"，我们组织多年从事辅导计算机等级考试的专家在对近几年的考试深刻分析、研究的基础上，结合上机考试习题集的一些编写经验，并依据教育部考试中心最新考试大纲的要求，编写出这套"全国计算机等级考试笔试考试习题集"。

　　编写这样一套习题集，是参照上机考试习题集的做法，其内容同实际考试内容接近，使考生能够有的放矢地进行复习，希望考生能顺利通过考试。

　　本书针对参加全国计算机等级考试的考生，同时也可以作为普通高校、大专院校、成人高等教育以及相关培训班的练习题和考试题使用。

　　为了保证本书及时面市和内容准确，很多朋友做出了贡献，夏菲、李煜、孙正、宋颖、张志刚、苏鹏、刘一、李岩、毛卫东、李占元、刘时珍、敖群星等老师在编写文档、调试程序、排版、查错等工作中加班加点，付出了很多辛苦，在此一并表示感谢！

全国计算机等级考试命题研究组

目　录

第1套

一、选择题

下列各题 A、B、C、D 四个选项中，只有一个选项是正确的，请将正确选项涂写在答题卡相应位置上，答在试卷上不得分。

1. 以下不能在"工程资源管理器"窗口中列出的文件类型是（　　）。
   A．.bas
   B．.res
   C．.frm
   D．.ocx

2. 在窗体上画三个单选按钮，组成一个名为 chkOption 的控件数组。用于标识各个控件数组元素的参数是（　　）。
   A．Tag
   B．Index
   C．ListIndex
   D．Name

3. 设有数组定义语句：Dim a(5)As Integer，List1 为列表框控件。下列给数组元素赋值的语句错误的是（　　）。
   A．a(3)=3
   B．a(3)=inputbox("inputdata")
   C．a(3)=List1.ListIndex
   D．a=Array(1，2，3，4，5，6)

4. 不能正确表示条件"两个整型变量 A 和 B 之一为 0，但不能同时为 0"的布尔表达式是（　　）。
   A．A*B=0 and A+B< >0
   B．(A=0 or B=0) and (A< >0 Or B< >0)
   C．not (A=0 And B=0)and (A=0 or B=0)
   D．A*B=0 and (A=0 or B=0)

5. 下列关于过程的叙述不正确的是（　　）。
   A．过程的传值调用是将实参的具体值传递给形参
   B．过程的传址调用是将实参在内存的地址传递给形参
   C．过程的传值调用参数是单向传递的，过程的传址调用参数是双向传递的
   D．无论过程传值调用还是过程传址调用，参数传递都是双向的

6. 设置标签边框的属性是（　　）。
   A．BorderStyle
   B．BackStyle
   C．AutoSize
   D．Alignment

7. 如果 A 为整数，且|A|>=100，则打印〃OK〃，否则打印〃Error〃，表示这个条件的单行

— 1 —

格式 If 语句是（　　　）。

A．If Int(A)=A And Sqr(A)>=10 Then Print〃OK〃Else Print〃Error〃

B．If Fix(A)=A And Abs(A)>=100 Then Print〃OK〃Else Print 〃Error〃

C．If Int(A)=A And (A>=100,A<=-100)Then Print〃OK〃Else Print 〃Error〃

D．If Fix(A)=A And A>=100,And A<=-100 Then Print〃OK〃Else Print 〃Error〃

8．下列叙述中正确的是（　　　）。

A．在窗体的 Form_Load 事件过程中定义的变量是全局变量

B．局部变量的作用域可以超出所定义的过程

C．在某个 Sub 过程中定义的局部变量可以与其他事件过程中定义的局部变量同名，但其作用域只限于该过程

D．在调用过程时，所有局部变量被系统初始化为 0 或空字符串

9．若要设置文本框中所显示的文本颜色，使用的属性是（　　　）。

A．BackColor
B．FillColor
C．ForeColor
D．BackStyle

10．在 VB 中按文件的访问方式不同，可以将文件分为（　　　）。

A．顺序文件、随机文件和二进制文件
B．文本文件和数据文件
C．数据文件和可执行文件
D．ASCII 文件和二进制文件

11．设窗体上有一个文本框，名称为 Text1，程序运行后，要求该文本框只能显示信息，不能接收输入的信息，以下能实现该操作的语句是（　　　）。

A．Text1.MaxLength=0
B．Text1.Enabled=False
C．Text1.Visible=False
D．Text1.Width=0

12．以下合法的 Visual Basic 标识符是（　　　）。

A．ForLoop
B．Const
C．9abc
D．a#x

13．在窗体上画一个名称为 CommonDialog1 的通用对话框，一个名称为 Command1 的命令按钮。然后编写如下事件过程：

```
Private Command1_Click()
    CommonDialog1.FileName=""
    CommonDialog1.Filter="All file|*.*|(*.Doc)|*.Doc|(*.Txt)|*.Txt"
    CommonDialog1.FilterIndex=2
    CommonDialog1.DialogTitle="VBTest"
    CommonDialog1.Action=1
End Sub
```

对于这个程序，以下叙述中错误的是（　　　）。

A．该对话框被设置为"打开"对话框

B. 在该对话框中指定的默认文件名为空

C. 该对话框的标题为 VBTest

D. 在该对话框中指定的默认文件类型为文本文件（*.Txt）

14. 下列程序段的执行结果为（　　　　）。

```
a=1
b=5
Do
  a=a+b
  b=b+1
Loop While a<10
Print a; b
```

   A．11 5   B．12 7   C．a b   D．10 25

15. 以下（　　　　）程序段可以实施 X、Y 变量值的交换。

   A．Y=X：X=Y   B．Z=X：Y=Z：X=Y

   C．Z=X：X=Y：Y=Z   D．Z=X：W=Y：Y=Z：X=Y

16. 下列定义语句中不能定义为字符型数据的是（　　　　）。

   A．Defstr c   B．c

   C．Static c As String   D．Dim c As Single

17. 实现字符串 Unicode 编码方式与 ANSI 编码方式相互转换的函数是（　　　　）。

   A．Str   B．Strconv   C．Trim   D．Mid

18. 运行以下程序后，输出的图案是（　　　　）。

```
Form1.Cls
For A=1 To 5
Printf Space(5-A);String(A, ″*″)
Next A
```

   A．
```
    *
   **
  ***
 ****
*****
```

   B．
```
    *
   * *
  * * *
 * * * *
* * * * *
```

   C．
```
*
**
***
****
*****
```

   D．
```
*
 * *
  * * *
   * * * *
    * * * * *
```

19. 在窗体上画一个命令按钮，名称为 Command1，然后编写如下事件过程：

```
Private Sub Command1_Click()
    a$="software and hardware"
    b$=Right(a$,8)
    c$=Mid(a$,1,8)
    MsgBox a$,,b$,c$,1
End Sub
```

运行程序，单击命令按钮，则在弹出的信息框的标题栏中显示的是（　　　）。

A. soflware and hardware　　　　　　B. software

C. hardware　　　　　　　　　　　　D. 1

20. 有如下程序：

```
Private Sub Form_Click()
    Dim i As Integer,sum As Integer
    sum=0
    For i=2 To 10
        If i Mod 2<>0 And i Mod 3=0 Then
            sum=sum+i
        End If
    Next i
    Print sum
End Sub
```

程序运行后，单击窗体，输出结果为（　　　）。

A. 12　　　　　　B. 30　　　　　　C. 24　　　　　　D. 18

21. 能够获得一个文本框中被选取文本的内容的属性是（　　　）。

A. Text　　　　　　　　　　　　B. Length

C. Seltext　　　　　　　　　　　D. SelStart

22. 在窗体上画一个列表框、一个文本框及一个按钮，然后编写如下事件过程：

```
Private Sub Form_Loab( )
    List.AddItem″357″
    List.AddItem″246″
    List.AddItem″123″
    List.AddItem″456″
    TEXT1.Text=″ ″
End Sub
Private Sub Command1_Click()
    List.Listindex=3
```

— 4 —

```
Print List.Text+Text1.Text
End Sub
```
程序运行后，在文本框中输入″789″，然后双列表框中的″456″，则输出结果为
（　　　）。

A．789123　　　　　B．456789　　　　　C．789456　　　　　D．1245

23. 有如下的一个函数过程：

```
Function fn(ByVal num As Long)
    Dim k As Long
    k=1
    num=Abs(num)
    Do While num
      k=k*(num Mod 10)
      num=num\10
     Loop
    fn=k
End Function
```

以下是一个调用该函数的事件过程，运行程序后，在输入对话框输入数字"123"，该过程的运行结果是（　　　）。

```
Private Sub Command5_Click( )
    Dim n As Long
    Dim r As Long
    n=InputBox(″请输入一个数值″)
    n=CLng(n)
    r=fn(n)
    Print r
End Sub
```

A．12　　　　　B．6　　　　　C．3　　　　　D．1

24. 在 DblClick 事件发生时，不会同时发生的事件是（　　　）。
A．MouseDown　　　B．MouseUp　　　C．Click　　　D．Change

25. 窗体上有名称分别为 Text1、Text2 的 2 个文本框，要求文本框 Text1 中输入的数据小于 500，文本框 Text2 中输入的数据小于 1000，否则重新输入。为了实现上述功能，在下划线处应填入的内容是（　　　）。

```
Private Sub Text1_LostFocus()
    Call CheckInput(Text1, 500)
End Sub
Private Sub Text2_LostFocus()
    Call CheckInput(Text2, 1000)
```

```
End Sub
Sub CheckInput( t As_____, x As Integer)
    If Val(t.Text) > x Then
            MsgBox "请重新输入！"
    End If
End Sub
```

A. Text
B. SelText
C. Control
D. Form

26. 有如下程序：

```
infocase$=InputBox("Input one letter:")
Select Case infocase$
case"a"
   grade$="Very good"
case"b"
   grade$="Good"
case"c"
   grade$="OK"
case"d"
   grade$="Qualified"
case Else
   grade$="Bab"
End Select
Print grade$
```

运行时从键盘上输入英文小写字母 d 后，输出的结果是（   ）。

A. Very good   B. Good   C. Bad   D. Qualified

27. 在窗体上画一个命令按钮和一个标签，其名称分别为 Command1 和 Label1，然后编写如下事件过程：

```
Private Sub Command1_Click()
    Counter = 0
    For i = 1 To 4
        For j = 6 To 1 Step -2
            Counter = Counter + 1
        Next j
    Next i
    Label1.Caption = Str(Counter)
End Sub
```

程序运行后，单击命令按钮，标签中显示的内容是（   ）。

A. 11   B. 12

C. 16   D. 20

28. 下列程序运行后，单击命令按钮，窗体显示的结果为（   ）。
    Private Function p1(x As Integer,y As Integer,z As Integer)
    p1=2*x+y+3*z
    End Function
    Private Function p2(x As Integer,y As Integer,z As Integer)
    p2=p1(z,y,x)+x
    End Function
    Private Sub Command1_Click()
    Dim a As Integer
    Dim b As Integer
    Dim c As Integer
    a=2:b=3:c=4
    Print p2(c,b,a)
    End Sub
    A．23   B．19   C．21   D．22

29. 以下叙述中错误的是（   ）。
    A．顺序文件中的数据只能按顺序读写
    B．对同一个文件，可以用不同的方式和不同的文件号打开
    C．执行 Close 语句，可将文件缓冲区中的数据写到文件中
    D．随机文件中各记录的长度是随机的

30. 下列程序的执行结果为（   ）。
    A="1"
    B="2"
    A=Val(A)+Val(B)
    B=Val("12")
    If A<>B Then Print A-B Else Print B-A
    A．-9   B．9   C．-12   D．0

31. 如果将窗体中文本框的 PasswordChar 属性设置为一个字符，如星号(*)，运行时，在文本框中输入的字符仍然显示出来，而不显示星号，原因可能是（   ）。
    A．文本框的 MultiLine 属性值为 True   B．文本框的 Looked 属性值为 True
    C．文本框的 MultiLine 属性值为 False   D．文本框的 Looked 属性值为 False

32. Int(100*Rnd(1))产生的随机整数的闭区间是（   ）。
    A．[0,99]   B．[1,100]   C．[0,100]   D．[1,99]

33. 以下关于窗体的描述中，错误的是（　　　　）。
    A．执行 UnLoad Form1 语句后，窗体 Form1 消失，但仍在内存中
    B．窗体的 Load 事件在加载窗体时发生
    C．当窗体的 Enabled 属性为 False 时，通过鼠标和键盘对窗体的操作都被禁止
    D．窗体的 Height、Width 属性用于设置窗体的高和宽

34. Right(″ABCDEFG″,3)的执行结果是（　　　　）。
    A．ABC　　　　　B．EFG　　　　　C．DEF　　　　　D．CDE

35. 以下程序运行后，输出结果是（　　　　）。
    For j=1 To 3
    Print Tab(3*j);2*(j-1)*2*(j-1)
    Next j
    Print
    A．1　　　　　B．1 9 25　　　　　C．0　　　　　D．1　3　5
    　　3　　　　　　　　　　　　　　　　4
    　　25　　　　　　　　　　　　　　　　16

二、填空题

请将答案分别写在答题卡中序号为【1】至【15】的横线上，答在试卷上不得分。

1. Visual Basic 中有一种控件组合了文本框和列表框的特性，这种控件是【1】。

2. DefSng a 定义的变量 a 是【2】类型的变量。

3. 顺序存储方法是把逻辑上相邻的结点存储在物理位置【3】的存储单元中。

4. 刚建立工程时，使窗体上的所有控件具有区别于默认值的相同的字体格式，应对 Form 窗体的【4】属性进行设置。

5. 图像框中的图形能与图像框的大小相适应，必须把该图片框的 Stretch 属性设置为【5】。

6. 要想在文本框中显示垂直滚动条，必须把 Scrolebars 属性设置为 2，同时还应把【6】属性设置为 True。

7. 为了使计时器控件 Timer1 每隔 0.5 秒触发一次 Timer 事件，应将 Timer1 控件的【7】属性设置为 500。

8. 在窗体上画一个名称为 Text1 的文本框，然后画三个单选按钮，并用这三个单选按钮建立一个控件数组，名称为 Option1。程序运行后，如果单击某个单选按钮，则文本框中的字

体将根据所选择的单选按钮切换，如图所示，请填空。

```
Private Sub Option1_Click(Index As Integer)
    Select Case Index
        Case 0
            a = "宋体"
        Case 1
            a = "黑体"
        Case 2
            a = "楷体__GB2312"
    End Select
    Text1. 【8】 =a
End Sub
```

9. 若 A=20, B=80, C=70, D=30, 则表达式 A+B>160 Or (B*C>200 And Not D>60)的值是【9】。

10. 设 A=2, B=-4, 则表达式 3*A>5 Or B+8>0 的值是【10】。

11. 下面的程序实现矩阵的转置（即行列互换）。阅读程序并填空。

```
Option Base 1
Private Sub Form_ Click ( )
    m = InputBox ("输入行数") :n = InputBox("输入列数")
    【11】 a ( m, n) As Integer, b ( n, m) As Integer
    For I = 1 to m
        For j = 1 to n
        a(I,j) =Int( Rnd * 90) + 10
    Next: Next
    For I = 1 to m
        For j = 1 to n
        b(j ,I) = 【12】
    Next: Next
End Sub
```

12.
```
Private Sub Form_Activate( )
For j=1 to 3
x=3
For I=1 to 2
```

— 9 —

```
x=x+6
Next I
Next j
Print x
End Sub
```
程序运行后，窗体上显示的结果为__【13】__。

13. 以下程序用来计算由键盘输入的 N 个数中正数之和，负数之和，正数的个数，负数的个数。其中用 C 累加负数之和，IC 累加负数的个数，D 累加正数之和，ID 累加正数的个数。
```
Privae Sub Command1_Click
    N=10
    C=0:IC=0:D=0:ID=0
For K=l To N
A=Val(InputBox(〃请输入 A〃))
If A<0 Then C= C+A：IC=IC+1
If A>0 Then D= 【14】
Next K
Print 〃负数的个数为：〃，IC
Print 〃负数的和为：〃，C
Print 〃正数的个数为：〃，ID
Print 〃正数的和为：〃，D
End Sub
```

14. 下列程序是将数组 a 的元素倒序交换，即第 1 个变为最后一个，第 2 个变为倒数第 2 个，完成下列程序。
```
Private Sub Backward(a())
Dim i As Integer,Tmp As Integer
For i=1 To 5
    Tmp=a(i)
    【15】
    a(5-i) =Tmp
Next i
End Sub
```

第2套

一、选择题

下列各题 A、B、C、D 四个选项中，只有一个选项是正确的，请将正确选项涂写在答题卡相应位置上，答在试卷上不得分。

1. 下列关于属性设置的叙述错误的是（　　）。
   A. 一个控件具有什么属性是 Visual Basic 预先设计好的，用户不能改变
   B. 一个控件具有什么属性是 Visual Basic 预先设计好的，用户可以改变
   C. 一个控件的属性既可以在属性窗口中设置，也可以用程序代码设置
   D. 一个控件的属性在属性窗口中设置后，还可以利用程序代码为其设置新值

2. 表达式 2+3*4^5-Sin(x+1)/2 中最先进行的运算是（　　）。
   A. 4^5　　　　　　　B. 3*4　　　　　　　C. x + 1　　　　　　D. Sin (x+1)

3. 以下叙述中错误的是（　　）。
   A. Visual Basic 是事件驱动型可视化编程工具
   B. Visual Basic 应用程序不具有明显的开始和结束语句
   C. Visual Basic 工具箱中的所有控件都具有宽度（Width）和高度（Height）属性
   D. Visual Basic 中控件的某些属性只能在运行时设置

4. 设 a=10，b=5，c=1，执行语句 Print a >b >c 后，窗体上显示的是（　　）。
   A. True　　　　　　B. False　　　　　　C. 1　　　　　　　D. 出错信息

5. 下面子过程语句说明合法的是（　　）。
   A. Function f1(ByVal n%)　　　　　　B. Sub f1(n%)As Integer
   C. Function f1%(f1%)　　　　　　　　D. Sub f1(ByVal n%())

6. 执行如下语句：
   a=InputBox(″Today″,″Tomorrow″,″Yesterday″,,,″Day before yesterday″,5)
   将显示一个输入对话框，在对话框的输入区中显示的信息是（　　）。
   A. Today　　　　　　　　　　　　　B. Tomorrow
   C. Yesterday　　　　　　　　　　　　D. Day before yesterday

7. 以下 Case 语句中错误的是（　　）。
   A. Case 0 To 10　　　　　　　　　　B. Case Is>10
   C. Case Is>10 And Is<50　　　　　　D. Case 3,5,Is>10

— 11 —

8. 下列程序的功能是：依次将列表框 List2 中的项目移入列表框 List1 中，并将列表框 List2 中移走的项目删除，给程序的空白行选择适当的语句（　　　）。

List1.AddItem List2.List(0)

List2.ReMoveItem 0

Loop

A．Do Until List2.ListCount　　　　B．Do While List2.ListCount

C．Do Until List1.ListCount　　　　D．Do While List1.ListCount

9. 下面（　　　）语句执行后，窗体 Form1 从内存退出。

A．UnLoad Form1　　　　　　　　B．Load Form1

C．Form1.Hide　　　　　　　　　D．Form1.Visiable=False

10. 在窗体上画一个名称为 Command1 的命令按钮，然后编写如下事件过程：

```
Private Sub Command1_Click()
    x=InputBox("Input")
    Select Case x
      Case 1, 3
        Print"分支 1"
      Case Is>4
        Print"分支 2"
      Case Else
        Print"Else 分支"
    End Select
End Sub
```

程序运行后，如果在输入对话框中输入 2，则窗体上显示的是（　　　）。

A．分支 1　　　　B．分支 2　　　　C．Else 分支　　　　D．程序出错

11. 以下叙述中错误的是（　　　）。

A．事件过程是响应特定事件的一段程序

B．不同的对象可以具有相同名称的方法

C．对象的方法是执行指定操作的过程

D．对象事件的名称可以由编程者指定

12. 满足"当 x 的值是偶数时为真，奇数时为假"要求的表达式是（　　　）。

A．x Mod 2=0　　　　　　　　　B．Not x Mod 2<>0

C．(x\2*2-x)=0　　　　　　　　D．Not (x Mod 2)

13. 下列对于软件测试的描述中正确的是（　　　）。

A. 软件测试的目的是证明程序是否正确

B. 软件测试的目的是使程序运行结果正确

C. 软件测试的目的是尽可能多地发现程序中的错误

D. 软件测试的目的是使程序符合结构化原则

14. 设 a="Microsoft VisualBasic"，则以下使变量 b 的值为 VisualBasic 的语句是（　　　）。

A. b=Left(a,10)   B. b=Mid(a,10)

C. b=Right(a,10)   D. b=Mid(a,11,10)

15. 在窗体上绘制一个文本框和一个计时器控件，名称分别为 Text1 和 Timer1，在属性窗口中把计时器的 Interval 属性设置为 1 000，Enadled 属性设置为 False。程序运行后，如果单击命令按钮，则每隔一秒钟在文本框中显示一次当前的时间。以下是实现上述操作的程序：

```
Private Sub Command1_Click()
    Timer1._____
End Sub


Private Sub Timer_Timer()
    Text1.Text=Time
End Sub
```

在横线处应填入的内容是（　　　）。

A. Enabled=True   B. Enabled=False

C. Visible=True   D. Visible=False

16. 标签控件能够显示文本信息，文本内容只能用（　　　）属性来设置。

A. Alignment   B. Caption   C. Visible   D. BorderStyle

17. 以下程序段中 Do…Loop 循环执行的次数为（　　　）。

```
n=5
Do
    If n Mod 2=0 Then
            n=n\2
    Else
            n=n*3+1
    End If
Loop until n=1
```

A. 4   B. 3   C. 5   D. 2

18. 设 a=5，b=10，则执行

c=Int((b-a)*Rnd+a)+1

后，c 值的范围为（　　　）。

A．5~10　　　　B．6~9　　　　C．6~10　　　　D．5~9

19．表达式 Abs(-5)+Len(″ABCDE″)的值是（　　　）。

A．5ABCDE　　　　　　　　　B．-5ABCDE

C．10　　　　　　　　　　　　D．0

20．下列对变量的定义中，不能定义 a 为变体变量的是（　　　）。

A．Dim a As Double　　　　　B．Dim a As Variant

C．Dim a　　　　　　　　　　D．a=24

21．在程序代码中将图片文件 mypic.jpg 装入图片框 Pictrue1 的语句是（　　　）。

A．Picture1.Picture=″mypic.jpg″

B．Picture1.Image=″mypic.jpg″

C．Picture1.Picture=LoadPicture(″mypic.jpg″)

D．LoadPicture(″mypic.jpg″)

22．以下（　　　）事件过程可以将打开的对话框的标题改变为"新标题"。

A．Private Sub Command1 _ Click ( )

CommonDialogl. DialogTitle = ″新标题″

CommonDialogl. ShowFont

End Sub

B．Private Sub Command1 _ Click( )

CommonDialogl. DialogTitle = ″新标题″

CommonDialogl. ShowOpen

End Sub

C．Private Sub Command1 _ Click( )

CommonDialogl. DialogTitle = ″新标题″

CommonDialogl. ShowClose

End Sub

D．Private Sub Command1_Click ( )

CommonDialogl. DialogTitle = ″新标题″

CommonDialogl. ShowColor

End Sub

23．下列叙述不正确的是（　　　）。

A．一个目标程序所需的所有文件的集合称为工程

B．VB 的工程文件的扩展名为.vbp

C．工程文件中可包括窗体文件、标准模块文件、类模块文件、资源文件等

D．工程文件中除了窗体文件是可选的外，其他文件都是必须的

24. 在窗体上画 3 个标签、3 个文本框（名称分别为 Text1、Text2 和 Text3）和 1 个命令按钮（名称为 Command1），外观如下图所示。

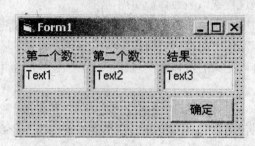

编写如下程序：

```
Private Sub Form_Load()
    Text1.Text = ""
    Text2.Text = ""
    Text3.Text = ""
End Sub
Private Sub Command1_Click()
    x = Val(Text1.Text)
    y = Val(Text2.Text)
    Text3.Text = f(x, y)
End Sub
Function f(ByVal x As Integer, ByVal y As Integer)
    Do While y < > 0
        tmp = x Mod y
        x = y
        y = tmp
    Loop
    f = x
End Function
```

运行程序，在 Text1 文本框中输入 36，在 Text2 文本框中输入 24，然后单击命令按钮，则在 Text3 文本框中显示的内容是（   ）。

A. 4   B. 6

C. 8   D. 12

25. 子过程 Sub…End Sub 的形式参数可以是（   ）。

A. 常数、简单变量、数组变量和运算式

B. 简单变量、数组变量和数组元素

C. 常数、简单变量、数组变量

D. 简单变量、数组变量和运算式

26. 下列描述错误的是（ ）。
    A. 过程级变量是指在过程或函数内部定义的变量，这种变量的作用域是整个过程或函数体，只能在该过程或该函数体被引用
    B. 某一函数若要引用在其他函数中定义的变量，只要将变量定义为 Static 型即可
    C. 窗体级变量在该窗体中的每个过程都可引用
    D. 若要在某一窗体内定义的窗体级变量能够在另一窗体内应用，只需用 Public 声明

27. 以下说法正确的是（ ）。
    A. 任何时候都可以使用"工具"菜单下的"菜单编辑器"命令打开菜单编辑器
    B. 只有当某个窗体为活动窗体时，才能打开菜单编辑器
    C. 只有当代码窗口为活动窗口时，才能打开菜单编辑器
    D. 任何时候都可以使用标准工具栏的"菜单编辑器"按钮打开菜单编辑器

28. 在随机文件中，下列正确的选项是（ ）。
    A. 记录号是通过随机数产生的   B. 可以通过记录号随机读取记录
    C. 记录的内容是随机产生的   D. 记录的长度是任意的

29. 当对 DrawWidth 进行设置后，将影响（ ）。
    A. Line、Circle、Pset 方法
    B. Line、Shape 控件
    C. Line、Circle、Point 方法
    D. Line、Circle、Pset 方法和 Line、Shape 控件

30. 下列程序执行后，变量 x 的值为（ ）。
    Dim a,b,c,d As Single
    Dim x As Single
    a=100
    b=20
    c=1000
    If b>a Then
        d=a:a=b:b=d
    End If
    If b>c Then
        X=b
        Elseif a>c Then
        x=c
        Else
        x=a
    End If

— 16 —

A. 100   B. 20
C. 1000   D. 0

31. 要使某菜单能够通过按住键盘上的 Alt 键及 K 键打开，应（   ）。
    A. 在"名称"栏中"K"字符前加上"&"
    B. 在"标题"栏中"K"字符后加上"&"
    C. 在"标题"栏中"K"字符前加上"&"
    D. 在"名称"栏中"K"字符后加上"&"

32. 以下声明语句中错误的是（   ）。
    A. Const var1=123   B. Dim var2='ABC'
    C. DefInt a-z   D. Static var3 As Integer

33. Visual Basic 的在线帮助窗口是一个与（   ）非常相似的窗口，
    A. Word 编辑窗口   B. 浏览器窗口
    C. FoxPro 主界面   D. Windows 资源管理器窗口

34. 函数 Int(Rnd (0) *100)是下列（   ）范围内的整数。
    A. (0,10)   B. (1,100)   C. (0,100)   D. (1,99)

35. 在窗体上画一个名称为 Command1 的命令按钮，然后编写如下程序：
    Private Sub Command1_Click( )
        Static X As Integer
        Static Y As Integer
        Cls
        Y=1
        Y=Y+5
        X=5+X
        Print X,Y
    End Sub
    程序运行时，3 次单击命令按钮 Command1 后，窗体上显示的结果为（   ）。
    A. 15 16   B. 15 6   C.15 15   D. 5 6

二、填空题
   请将答案分别写在答题卡中序号为【1】至【15】的横线上，答在试卷上不得分。

1. 窗体布局窗口的主要用途是 【1】。

2. 在代码窗口对窗体的 BorderStyle、MaxButton 属性进行了设置，但运行后没有效果的原因
   是这些属性【2】。

3．通常，将软件产品从提出、实现、使用维护到停止使用退役的过程称为【3】。

4．为了选择多个控件，可以按住【4】键，然后单击每个控件。

5．在 Visual Basic 中，除了可以指定某个窗体作为启动对象外，还可以指定【5】为启动对象。

6、在菜单编辑器中建立一个菜单，其主菜单项的名称为 mnuEdit，Visible 属性为 False，程序运行后，如果用鼠标右键单击窗体，则弹出与 mnuEdit 对应的菜单。以下是实现上述功能的程序，请填空。

```
Private Sub Form 【6】  (Button As Integer, Shift As Integer, X As Single, Y As Single)
    If Button=2 Then
        PopupMenu   mnuEdit
    End If
End Sub
```

7．为了执行自动拖放，必须把【7】属性设置为 1。

8．设 A=2,B=-2,则表达式 A/2+1>B+5 Or B*(-2)=6 的值是【8】。

9．以下程序代码实现单击命令按钮 Command1 时生成 20 个（0，100）之间的随机整数，存于数组中，打印数组中大于 50 的数，并求这些数的和。

```
Dim arr(1 To 20)
For i=1 To 20
    arr(i)=【9】
Next i
Sub=0
For Each X In  arr
    If X>50 Then
        Print Tab(20);X
        Sum=Sum+X
    End If
Next X
Print Tab(20); ″ Sub=″ ;Sub
```

10．阅读程序：

```
Option Base 1
Private Sub Form_Click()
    Dim a(3) As Integer
```

```
        Print "输入的数据是：";
        For i = 1 To 3
            a(i) = InputBox("输入数据")
            Print a(i);
        Next
        Print
        If a(1)<a(2) Then
            t = a(1)
            a(1) = a(2)
            a(2) = 【10】
        End If
        If a(2)>a(3) Then
            m = a(2)
        ElseIf a(1)>a(3) Then
            m = 【11】
          Else
            m = a(1)
        End If
        Print "中间数是：";m
End Sub
```
程序运行后，单击窗体，在输入对话框中分别输入三个整数，程序将输出三个数中的中间数，如下图所示。请填空。

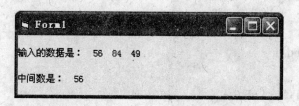

11. 下面程序代码实现单击命令按钮 Command1 时输出如下结果：

```
        1          -1          -1
        1           1          -1
        1           1           1
```
该程序不完整，请填空。
```
Private Sub Command1_Click( )
    Dim X(3,3)
    For I=1 To 3
        For J=1 To 3
            If 【12】 Then
                X(I,J)=1
```

```
            End If
                If I<J Then
                    X(I,J)=-1
                End If
            Next J
        Next I
            For I=1 To 3
                For J=1 To 3
                    Print X(I,J);
                Next J
                Print
            Next I
    End Sub
```

12. 阅读下面的程序：

```
Private Sub Form_Click()
        Dim Check As Boolean, Counter As Integer
        Check=True
        Counter=5
        Do
            Do While Counter<20
                Counter=Counter+1
                If Counter=10 Then
                    Check=False
                    Exit Do
                End If
            Loop
        Loop Until Check=False
        Print Counter
    End Sub
```
程序运行后，单击窗体，输出结果为【13】。

13. 在名称为 Form1 的窗体上绘制一个文本框，其名称为 Text1，在属性窗口中把该文本框
的 MultiLine 属性设置为 True，然后编写如下的事件过程：

```
Private Sub Form_Click()
        Open "d:\test\smtext1.txt" For Input As #1
        Do While Not EOF(1)
            Line Input #1, aspect$
            whole$=whole$+aspect$+Chr$(13)+Chr$(10)
        Loop
```

```
        Text1.Text=whole$
        Close #1
        Open "d:\test\smtext2.txt" For Output As #1
        Print #1,【14】
        Close #1
    End Sub
```

上述程序的功能是，把磁盘文件 smtext1.txt 的内容读到内存并在文本框中显示出来，然后把该文本框中的内容存入磁盘文件 smtext2.txt。请填空。

14. 在窗体上画一个文本框，名称为 Text1，画一个命令按钮，名称为 Command1。程序运行时，单击命令按钮，能将事先输入到文本框中的内容一个字符一个字符地写入顺序文件 test.dat 中。请在空白处填上适当的内容，将程序补充完整。

```
Private Sub Command1_Click( )
Open ″c:\test.dat″ For   Output   As # 1
For I=1 to Len(Text1.text)
【15】
Next I
Close # 1
End Sub
```

第 3 套

一、选择题

下列各题 A、B、C、D 四个选项中，只有一个选项是正确的，请将正确选项涂写在答题卡相应位置上，答在试卷上不得分。

1. 工程资源管理器窗口中包含的文件类型有（　　）种。
   A. 2　　　　　　　　B. 3　　　　　　　　C. 4　　　　　　　　D. 5

2. 语句 Print Sgn (-5.1^2)+Abs(Int(-5.1^2)) 的输出结果是（　　）。
   A. 52.2　　　　　　B. 25.01　　　　　　C. 26　　　　　　　D. 28

3. 以下能判断是否到达文件尾的函数是（　　）。
   A. BOF　　　　　　B. LOC　　　　　　　C. LOF　　　　　　D. EOF

4. 如果要在菜单中添加一个分隔线，则应将其 Caption 属性设置为（　　）。
   A. =　　　　　　　B. *　　　　　　　　C. &　　　　　　　D. -

5. 窗体在屏幕上显示后有（　　）方法可以清除它。
   A. 1 种　　　　　　B. 2 种　　　　　　C. 3 种　　　　　　D. 4 种

6. 保存一个工程至少应保存两个文件，这两个文件分别是（　　）。
   A. 文本文件和工程文件　　　　　　B. 窗体文件和工程文件
   C. 窗体文件和标准模块文件　　　　D. 类模块文件和工程文件

7. 确定一个控件在窗体上的位置的属性是（　　）。
   A. Width 和 Height　　　　　　　B. Width 或 Height
   C. Top 和 Left　　　　　　　　　D. Top 或 Left

8. 运行下列程序段后，显示的结果为（　　）。
   ```
   J1=23
   J2=32
   If J1<J2 Then Print J2 Else Print J1
   ```
   A. 23　　　　　　　B. 32　　　　　　　C. 55　　　　　　　D. 2332

9. 设菜单中有一个菜单项为"Open"。若要为该菜单命令设置访问键，即按下 Alt 键及字母 O 时，能够执行"Open"命令，则在菜单编辑器中设置"Open"命令的方式是（　　）。

A．把 Caption 属性设置为&Open

B．把 Caption 属性设置为 O&pen

C．把 Name 属性设置为&Open

D．把 Name 属性设置为 O&pen

10. 在窗体上画一个名称为 Command1 的命令按钮，然后编写如下事件过程：

```
Private Sub Command1_Click()
    a$="VisualBasic"
    Print String(3, a$)
End Sub
```

程序运行后，单击命令按钮，在窗体上显示的内容是（　　　）。

A．VVV　　　　　　B．Vis　　　　　　C．sic　　　　　　D．11

11. 不能正确表示条件"两个整型变量 A 和 B 之一为 0，但不能同时为 0"的布尔表达式是（　　　）。

A．A*B=0 And A< >B

B．(A=0 Or B=0)And A< >B

C．A=0 And B< >0 Or A< >0 And B=0

D．A*B=0 And(A=0 Or b=0)

12. 把窗体设置为不可见的，应该将（　　　）属性设置为 False。

A．Font　　　　　　　　　　　　B．Caption

C．Enable　　　　　　　　　　　D．Visible

13. 下列符号常量的声明中，（　　　）是不合法的。

A．Const a As Single=1.1　　　　　B．Const As Integer= 〞12〞

C．Const a As Double=Sin(1)　　　D．Const a= 〞OK〞

14. 假定在图片框 Picture1 中装入了一个图形，为了清除该图形（不删除图片框），应采用的正确方法是（　　　）。

A．选择图片框，然后按 Del 键

B．执行语句 Picture1.Picture=LoadPicture("")

C．执行语句 Picture1.Picture=""

D．选择图片框，在属性窗口中选择 Picture 属性条，然后按回车键

15. 下列对象不能响应 Click 事件的是（　　　）。

A．列表框　　　　B．图片框　　　　C．窗体　　　　D．计时器

16. 执行了下面的程序后，组合框中数据项的值是（　　　）。

Private Sub Form_Click( )

```
For i = 1 To 6
Combo1.AddItem i
Next i
For i = 1 To 3
Combo1.RemoveItem i
Next i
End Sub
```

A. 1 5 6   B. 1 3 5   C. 4 5 6   D. 2 4 6

17. 要强制显示声明变量，可在窗体模块或标准模块的声明段中加入语句（   ）。
    A. Option Base 0   B. Option Explicit
    C. Option Base 1   D. Option Compare

18. 下列能正确产生[1，30]之间的随机整数的表达式是（   ）。
    A. 1+rnd(30)   B. 1+30*rnd( )
    C. rnd(1+30)   D. int(rnd( )*30)+1

19. 在窗体上画一个命令按钮，然后编写如下事件过程：
```
Private Sub Command1_Click()
    Dim a(5)As String
    For i=1 To 5
        a(i)=Chr(Asc("A")+(i-1))
    Next i
    For Each b In a
        Print b;
    Next
End Sub
```
程序运行后，单击命令按钮，输出结果是（   ）。
    A. ABCDE   B. 1 2 3 4 5
    C. abcde   D. 出错信息

20. 设已打开 5 个文件，文件号为 1，2，3，4，5。要关闭所有文件，以下语句正确的是（   ）。
    A. Close#1,2,3,4,5   B. Close #1;#2;#3;#4;#5
    C. Close #1-#5   D. Close

21. 下列字符串常量中，最大的是（   ）。
    A. 〞北京〞   B. 〞上海〞
    C. 〞天津〞   D. 〞广州〞

22. 要清除列表框中所有的列表项时，应使用（   ）方法。

A. Remove   B. Clear   C. RemoveItem   D. Move

23. 在窗体上画 1 个文本框，其名称为 Text1，然后编写如下过程：

```
Private Sub Text1_KeyDown(KeyCode As Integer, Shift As Integer)
    Print Chr(KeyCode)
End Sub
Private Sub Text1_KeyUp(KeyCode As Integer, Shift As Integer)
    Print Chr(KeyCode + 2)
End Sub
```

程序运行后，把焦点移到文本框中，此时如果敲击"A"键，则输出结果为（   ）。

A. A   B. A   C. A   D. A
   A   B   C   D

24. 在程序运行期间属性值不允许改变的属性是（   ）属性。
    A. Caption   B. Name   C. BackColor   D. Enabled

25. 下列（   ）符号不能作为 VB 中的变量名。
    A. ABCabe   B. b1234   C. 28wed   D. crud

26. 关于创建通用过程的方法叙述正确的是（   ）。
    A. 双击窗体打开的"代码编辑窗口"中不能创建通用过程
    B. 创建通用过程一定要使用 Sub 关键字
    C. 选择"工具"下拉菜单中的"添加过程"命令才能创建通用过程
    D. 在"代码编辑窗口"中即可以建立事件过程，也能建立通用过程

27. 设有语句：Open "d:\Test.txt" For Output   As #1 ，以下叙述中错误的是（   ）。
    A. 若 d 盘根目录下无 Test.txt 文件，则该语句创建此文件
    B. 用该语句建立的文件的文件号为 1
    C. 该语句打开 d 盘根目录下一个已存在的文件 Test.txt，之后就可以从文件中读取信息
    D. 执行该语句后，就可以通过 Print #语句向文件 Test.txt 中写入信息

28. 执行下列程序段后，输出的结果是（   ）。

```
For k1=0 To 4
    y=20
    For k2=0 To 3
        y=10
        For k3=0 To 2
            y=y+10
        Next k3
    Next k2
```

      Next kl

      Print y

A. 90　　　　　　B. 60　　　　　　C. 40　　　　　　D. 10

29. 执行以下 Command1 的 Click 事件过程，在窗体上显示（　　　　）。

Option Base 0

Private Sub Command1_Click ( )

Dim a

a=Array("a","b","c","d","e","f","g")

Print a(1);a(3);a(5)

End Sub

A. abc　　　　　　B. bdf　　　　　　C. ace　　　　　　D. 出错

30. 可以用 InputBox 函数产生"输入对话框"。执行语句"st\$=(InputBox("请输入字符串"，"字符串对话框"，"字符串")"时，当用户输入完毕，按 OK 按钮后，st\$变量的内容是（　　　　）。

A. 字符串　　　　　　　　　　　　B. 请输入字符串

C. 字符串对话框　　　　　　　　　D. 用户输入的内容

31. 语句 Print 5/4*6\5 Mod 2 的输出结果是（　　　　）。

A. 0　　　　　　B. 1　　　　　　C. 2　　　　　　D. 3

32. 先在窗体上添加一个命令按钮，然后编写如下程序：

```
Function fun(ByVal num As Long)As Long
        Dim k As Long
        k=1
        num=Abs(num)
        Do While num
            k=k*(num Mod 10)
            num=num\10
        Loop
        Fun=k
        End Function
    Private Sub Command1_Click( )
        Dim n As Long
        Dim r As Long
        n=InrputBox("请输入一个数")
        n=CLng(n)
        r=fun(n)
        Print r
```

End Sub

在程序运行后，单击命令按钮，在对话框中输入"100"，输出结果是（　　　）。

A．0 B．100 C．200 D．300

33．以下能在窗体 Form1 的标题栏中显示"VisualBasic 窗体"的语句是（　　　）。

　　A．Form1.Name="VisualBasic 窗体"

　　B．Form1.Title="VisualBasic 窗体"

　　C．Form1.Caption="VisualBasic 窗体"

　　D．Form1.Text="VisualBasic 窗体"

34．Int(100*Rnd(1))产生的随机整数的闭区间是（　　　）。

　　A．[0,99] B．[1,100]

　　C．[0,100] D．[1.99]

35．在窗体上画一个命令按钮，然后编写如下程序。运行后，单击命令按钮，输出结果为（　　　）。

```
Private Sub Command4_Click()
Dim a AS Integer，b AS Integer
a=1
b=2
Print N(a，b)
End Sub
Function N(x As Integer，y As Integer)As Integer
    N=IIf(x>y，x，y)
End Function
```

　　A．1 B．2 C．5 D．8

二、填空题

请将答案分别写在答题卡中序号为【1】至【15】的横线上，答在试卷上不得分。

1．MagBox 函数除了在对话框中显示提示信息外，另一个功能是【1】。

2．一个变量未被显示定义，末尾也没有类型说明符，则该变量的隐含类型是【2】类型。

3．在长度为 n 的有序线性表中进行二分查找。最坏的情况下，需要的比较次数为【3】。

4．算法的基本特征是可行性、确定性、【4】和拥有足够的情报。

5．如果菜单标题的某个字母前输入一个"【5】"符号，那么该字母就成了热键字母。

6. Visual Basic 变量名字只能由字母、【6】、下划线组成，总长度不得超过 255。

7. 模块级变量的声明关键字是 Dim 或【7】。

8. 用户可以用【8】语句定义自己的数据类型。

9. 下面程序的功能是利用随机函数模拟投币，方法是：每次随机产生一个 0 或 1 的整数，相当于一次投币，1 代表正面，0 代表反面。在窗体上有三个文本框，名称分别是 Text1、Text2、Text3，分别用于显示用户输入投币总次数、出现正面的次数和出现反面的次数，如下图所示。程序运行后，在文本框 Text1 中输入总次数，然后单击"开始"按钮，按照输入的次数模拟投币，分别统计出现正面、反面的次数，并显示结果。以下是实现上述功能的程序，请填空。

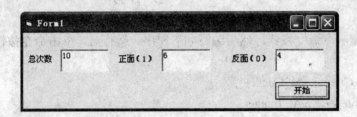

```
Private Sub Command1_Click()
    Randomize
    n = CInt(Text1.Text)
    n1 = 0
    n2 = 0
    For i = 1 To    【9】
        r = Int(Rnd*2)
        If r = 1    Then
            n1 = n1+1
        Else
            n2 = n2+1
        End If
    Next
    Text2.Text = n1
    Text3.Text = n2
End Sub
```

10. 组合框有 3 种不同的类型，这 3 种类型是下拉式列表框、简单组合框和【10】，分别通过把 style 属性设置为 2、1、0 来实现。

11. 在程序的空白处填写适当的语句（一个空白处只能填写一条语句），使程序完成相应的数据处理。Form_Load 事件过程给数组赋初值 35，48，15，22，67。Form_Click 事件过程对数组元素进行处理。

```
Dim Arr(1 To 5)
Private Sub Form_Load( )
【11】
End Sub
Private Form_Click( )
【12】
If Int(x/3)=x/3Then
Print x
End If
   Next x
End Sub
```

12. 窗体上有两个按钮，执行程序后按 Cancel 按钮的输出结果是【13】。

```
Private Sub Commandl_Click()
    Print"北京";
End Sub
Private Sub Command2,_Click()
    Print"南京";
End Sub
Private Sub Form_Load()
    Command2. Cancel=True
    Commandl. Cancel=True
End Sub
```

13. 下列程序是用来计算 1+2+3+…+10 的程序段，请补充完整该程序。

```
Dim i,s,k As Integer
    s=0:k=0
    For【14】To -1
      k=k+1
      s=s+k
    Next i
Print s
```

14. 下列事件过程的功能是：通过 Form_Load 事件给数组赋初值为 35、48、15、22、67，Form_Click 事件找出可以被 3 整除的数组元素并打印出来。请在空白处填入适当的内容，将程序补充完整。

```
Dim Arr()
Private Sub Form_Load()
```

【15】

```
End Sub
Private Sub Form_Click()
    For Each x In Arr
        If Int(x / 3)=x / 3 Then
            Print x
        End If
    Next x
End Sub
```

第 4 套

一、选择题

下列各题 A、B、C、D 四个选项中，只有一个选项是正确的，请将正确选项涂写在答题卡相应位置上，答在试卷上不得分。

1. 以下叙述中错误的是（　　　）。
   A. 打开一个工程文件时，系统自动装入与该工程有关的窗体、标准模块等文件
   B. 保存 Visual Basic 程序时，应分别保存窗体文件及工程文件
   C. Visual Basic 应用程序只能以解释方式执行
   D. 事件可以由用户引发，也可以由系统引发

2. 下列不能打开属性窗口的操作是（　　　）。
   A. 执行"视图"菜单中的"属性窗口"命令
   B. 单击工具栏上的"属性窗口"按钮
   C. 按 Ctrl+T 快捷键
   D. 按 F4 键

3. Visual Basic 集成的主窗口中不包括（　　　）。
   A. 属性窗口　　　　B. 标题栏　　　　　　C. 菜单栏　　　　　　　D. 工具栏

4. 下面表达式中，（　　　）的运算结果与其他三个不同。
   A. Exp(-3.5)　　　　　　　　　　B. Int(-3.5)+0.5
   C. -Abs(-3.5)　　　　　　　　　　D. Sgn(-3.5)-2.5

5. 算法的时间复杂度是指（　　　）。
   A. 执行算法程序所需要的时间
   B. 算法程序的长度
   C. 算法执行过程中所需要的基本运算次数
   D. 算法程序中的指令条数

6. 用 Visual Basic 编写的应用程序的特点是（　　　）。
   A. 无须有明显的开头程序和结尾部分
   B. 无须编写任何程序代码
   C. 必须有明确的开头程序才能启动运行
   D. 必须有结尾的程序段才能正常运行

7. 下面子过程语句说明合法的是（　　　　）。

    A．Sub f1(ByVal x()As Integer)   B．Sub f1(x%())As Integer

    C．Function f1%(f1%)   D．Function f1%(x As Integer)

8. 以下属于 Visual Basic 合法的数组元素是（　　　　）。

    A．x8   B．x[8]   C．s(0)   D．v[8]

9. 以下关于文件的叙述中，错误的是（　　　　）。

    A．顺序文件中的记录一个接一个地顺序存放

    B．随机文件中记录的长度是随机的

    C．执行打开文件的命令后，自动生成一个文件指针

    D．LOF 函数返回给文件分配的字节数

10. 一个工程必须包含的文件的类型是（　　　　）。

    A．*.vbp、*.frm、*.frx   B．*.vbp、*.cls、*.bas

    C．*.bas、*.ocx、*.res   D．*.frm、*.cls、*.bas

11. 下列各赋值语句，不正确的是（　　　　）。

    A．x+y=5   B．iNumber=15

    C．Label1.caption=″time″   D．sLength=x+y

12. 设 a=5，b=4，c=3，d=2，下列表达式的值是（　　　　）。

    3>2*b Or a=c And b<>c Or c>d

    A．1   B．True   C．False   D．2

13. 下列说法错误的是（　　　　）。

    A．方法是对象的一部分

    B．在调用方法时，对象名是不可缺少的

    C．方法是一种特殊的过程和函数

    D．方法的调用格式和对象属性的使用格式相同

14. 当文本框 ScrollBars 属性设置了非零值，却没有效果，原因是（　　　　）。

    A．文本框中没有内容   B．文本框的 MultiLine 属性为 False

    C．文本框的 MultiLine 属性为 True   D．文本框的 Locked 属性为 True

15. 如果 Tab 函数的参数小于 1，则打印位置在第（　　　　）列。

    A．0   B．1   C．2   D．3

16. 将 Cos(Y)四舍五入保留 3 位小数的表达式是（　　　　）。

    A．Int((Cos(Y)+0.5)*1000)/1000   B．Int(Cos(Y*1000))/1000+0.5

C. Int(Cos(Y)*1000+0.5)/1000   D. Int(Cos(Y*1000)+0.5)/1000

17. Visual Basic 程序中语句的续行符是（   ）。

     A. '   B. :   C. \   D. _

18. 要清除已经在图片框 P1 中打印的字符串而不清除图片框中的图像，应使用语句（   ）。

     A. P1.Cls   B. P1.Picture=LoadPicture("")

     C. P1.Pint ""   D. .P1.Picture ""

19. 如果在"立即"窗口中执行以下操作：

     a=8   <CR>   (<CR>为 Enter 键，下同)

     b=9   <CR>

     print a>b   <CR>

     则输出结果是（   ）。

     A. -1   B. 0   C. False   D. True

20. 编写如下事件过程和函数过程：

```
Private Sub Form_Click( )
Dim num(1 To 6)As Single
num(1) =103:num(2)=190:num(3)=0
num(4)=32:num(5)=-56:num(6)=100
Print
Print p2(6,num())
End Sub
Private Function p2(ByVal n As Integer,number() As Single)As Integer
p2=number(1)
For j =2 To n
If number(j)<p2 Then p2=number(j)
Next j
End Function
```

     程序运行后窗体上显示的值是（   ）。

     A. -56   B. 0   C. 103   D. 190

21. 设有命令按钮 Command1 的单击事件过程，代码如下：

```
Private Sub Command1_Click()
    Dim a(3, 3) As Integer
    For i = 1 To 3
        For j = 1 To 3
            a(i, j) = i * j + i
        Next j
```

```
        Next i
        Sum = 0
        For i = 1 To 3
            Sum = Sum + a(i, 4 - i)
        Next i
        Print Sum
    End Sub
```
运行程序，单击命令按钮，输出结果是（　　　）。

A．20　　　　　　　B．7　　　　　　　C．16　　　　　　　D．17

22. 以下叙述中错误的是（　　　）。

A．用 Shell 函数可以执行扩展名为.exe 的应用程序

B．若用 Static 定义通用过程，则该过程中的局部变量都被默认为 Static 类型

C．Static 类型的变量可以在标准模块的声明部分定义

D．全局变量必须在标准模块中用 Public 或 Global 声明

23. 下列关于 Sub 过程的叙述，正确的是（　　　）。

A．一个 Sub 过程必须有一个 Exit Sub 语句

B．一个 Sub 过程必须有一个 End Sub 语句

C．在 Sub 过程中可以定义一个 Function 过程

D．可以用 Goto 语句退出 Sub 过程

24. 使图形能自动按控件大小而改变的控件是（　　　）。

A．图片框　　　　B．图像框　　　　　C．标签框　　　　　　D．框架

25. 以下叙述中正确的是（　　　）。

A．一个 Sub 过程至少要有一个 Exit Sub 语句

B．一个 Sub 过程必须有一个 End Sub 语句

C．可以在 Sub 过程中定义一个 Function 过程，但不能定义 Sub 过程

D．调用一个 Function 过程可以获得多个返回值

26. 通过文本框（　　　）事件过程可以获取文本框中输入字符的 ASCII 码值。

A．Change　　　　　B．LostFocus　　　　C．KeyPress　　　　D．GotFocus

27. 数值型数据包括（　　　）两种。

A．整型和长整型　　　　　　　　B．整型和浮点型

C．单精度型和双精度型　　　　　D．整型实型和货币型

28. Do Until...Loop 循环命令的功能是（　　　）。

A．先进入循环执行语句段落后，再判断是否再进入循环

B. 先进入循环执行语句段落后，再判断是否不再进入循环

C. 执行前先判断是否不满足条件，若不满足才进入循环

D. 执行前先判断是否不满足条件，若满足才进入循环

29. 在窗体上画一个名称为 Drive1 的驱动器列表框，一个名称为 Dir1 的目录列表框，一个名称为 File1 的文件列表框，两个名称分别为 Label1、Label2、标题分别为空白和"共有文件"的标签。编写程序，使得驱动器列表框与目录列表框、目录列表框与文件列表框同步变化，并且在标签 Label1 中显示当前文件夹中文件的数量。如下图所示。

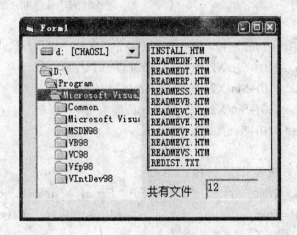

能够正确实现上述功能的程序是（　　　）。

A. Private Sub Dir1_Change()
　　File1.Path=Dir1.Path
　End Sub

　Private Sub Drive1_Change()
　　Dir1.Path=Drive1.Drive
　　　Label1.Caption=File1.ListCount
　End Sub

B. Private Sub Dir1_Change()
　　File1.Path=Dir1.Path
　End Sub

　Private Sub Drive1_Change()
　　Dir1.Path=Drive1.Drive
　　　Label1.Caption=File1.List
　End Sub

C. Private Sub Dir1_Change()
　　File1.Path=Dir1.Path
　　Label1.Caption=File1.ListCount
　End Sub

　Private Sub Drive1_Change()
　　Dir1.Path=Drive1.Drive
　　Label1.Caption=File1.ListCount
　End Sub

D. Private Sub Dir1_Change()
　　File1.Path=Dir1.Path
　　Label1.Caption=File1.List
　End Sub

　Private Sub Drive1_Change()
　　Dir1.Path=Drive1.Drive
　　Label1.Caption=File1.List
　End Sub

30. 下列（　　　）字符串不能作为 VB 中的变量名。

A. ABCDEFG   B. P000000

C. 89TWDDFF   D. XYZ

31. 表达式（7\3+1）*（18\5-1）的值是（   ）。

A. 8.67   B. 7.8   C. 6   D. 6.67

32. 在设计程序时，应采纳的原则之一是（   ）。

A. 不限制 goto 语句的使用   B. 减少或取消注解行

C. 程序越短越好   D. 程序结构应有助于读者理解

33. 代数式 $x_1-|a|+\ln10+\sin(x_2+2\pi)/\cos57°$ 对应的 Visual Basic 表达式是（   ）。

A. X1-Abs(A)+Log(10)+Sin(X2 +2*3.14)/Cos(57*3.14/180)

B. X1-Abs(A)+Log(10)+Sin(X2+2*π)/Cos(57*3.14/180)

C. X1-Abs(A)+Log(10)+Sin(X2+2*3.14)/Cos(57)

D. X1-Abs(A)+Log(10)+Sin(X2+2*π)/Cos(57)

34. 与 Forml. Show 方法效果相同的是（   ）。

A. Form1. Visible=True   B. Form1. Visible=False

C. Visible. Form1=True   D. Visible. Form1=False

35. 下列程序段的执行结果为（   ）。

X=2.4：Z=3：K=5

Print″ A(″；X+Z*K；″）″

A. A(17)   B. A(17.4)   C. A(18)   D. A(2.4+3*5)

二、填空题

请将答案分别写在答题卡中序号为【1】至【15】的横线上，答在试卷上不得分。

1. 为了在程序运行时，当被遮住的窗口又重现时，用该窗体的 Picture 属性设置的背景图像会自动重画，设置值为 True 的属性是【1】。

2. 在代码窗口对窗体的 BorderStyle、MaxButton 属性进行了设置，但运行后没有效果的原因是这些属性【2】。

3. 当对命令按钮的 Picture 属性装入 bmp 图形文件后，这项按钮上并没有显示所需的图形，原因是没有对【3】属性设置为 1（Graphical）。

4. 一个类可以从直接或间接的祖先中继承所有属性和方法。采用这个方法提高了软件的【4】。

5. 将 C 盘根目录下的图形文件 moon.jpg 装入图片框 Picture1 的语句是【5】。

6. 在属性窗口中，有些属性具有预定值，在这些属性上双击属性值可以【6】。

7. 要使文本框获得输入焦点，则应采用文本框控件的【7】方法。

8. Text 文本框接受的最长字符数由文本框的【8】属性确定。

9. 下列程序段的执行结果为【9】。

```
Dim A (10,10)
For i=2 To 4
  For j=4 To 5
    A(i,j)=i*j
  Next j
Next i
Print A (2,5)+A(3,4)+A(4,5)
```

10. 有一个事件过程，其功能是：从已存在于磁盘上的顺序文件 NM1.txt 中读取数据，计算读出数据的平方值，将该数据及其平方值存入新的顺序文件 NM2.txt 中。请填空。

```
Private Sub Form_Click()
    Dim x As Single，y As Single
    Open ″ NM1.txt ″ For Input As #1
    Open ″ NM2.txt ″ For Output As #2
    Do While Not EOF(1)
    【10】
    Print x
    y=x^2
    Print #2,x,y
    Print y
    Loop
    Close #1，#2
End Sub
```

11. 在窗体上画一个命令按钮(其 Name 属性为 Command1)，然后编写如下代码:

```
Private Sub Command1_Click( )
Dim M(10) As Integer
For k=1 To 10
M(k)=12-k
Next k
x=6
Print M(2+M(x))
```

End Sub
程序运行后，单击命令按钮，输出结果是【11】。

12. 一元二次方程 $ax^2+bx+c=0$ 有实根的条件是 $a\neq0$,并且 $b^2-4ac\geq0$，表示该条件的布尔表达式是【12】。

13. 如果存在如下过程：
```
Private Function FMax(a()As Integer)
    Dim First As Integer，Last As Integer，i As Integer
    First=LBound(a)
    Last=UBound(a)
    Max=a(First)
    For i=FirSt To Last
        If a(i)>Max Then Max=a(i)
    Next i
    FMax=Max
End Function
```
在窗体上添加一个命令按钮，然后编写如下事件过程：
```
Ptirate Sub Command1_click()
    ReDim m(1 To 4)As Integer
    m(1)=20：m(2)=30：m(3)=50：m(4)=100
    C=FMax(m)
    Print C
End Sub
```
单击命令按钮，其输出结果为【13】。

14. (-1)*Sgn(-100+Int(Rnd*100))的值是【14】。

15. 下列程序的执行结果是【15】。
```
t=0
m=1
Sum=0
Do
t=t+m
Sum=Sum+t
m=m+2
Loop While m<=9
Print Sum
```

第 5 套

一、选择题

下列各题 A、B、C、D 四个选项中，只有一个选项是正确的，请将正确选项涂写在答题卡相应位置上，答在试卷上不得分。

1. 启动 Visual Basic 后，就意味着要建立一个新（　　）。
   A. 窗体　　　　　B. 程序　　　　　C. 工程　　　　　D. 文件

2. Visual Basic 集成环境的大部分窗口都可以从主菜单项（　　）的下拉菜单中找到相应的打开命令。
   A. 编辑　　　　　B. 视图　　　　　C. 格式　　　　　D. 调式

3. 下列程序段的执行结果为（　　）。
   ```
   x=1：y=2
   z=x=y
   Print x；y；z
   ```
   A. 1　1　2　　　B. 1　1　1　　　C. False　False　　　D. 1　2　False

4. 货币型数据需（　　）字节内存容量。
   A. 2　　　　　　B. 4　　　　　　C. 6　　　　　　D. 8

5. 有关 VB 应用程序中过程的说法正确的是（　　）。
   A. 过程的定义可以嵌套，但过程的调用不能嵌套
   B. 过程的定义不可以嵌套，但过程的调用可以嵌套
   C. 过程的定义和调用都可能嵌套
   D. 过程的定义和调用都不能嵌套

6. 下列程序段的执行结果为（　　）。
   ```
   a=0:b=1
   Do
       a=a+b
       b=b+1
   Loop While a<10
   Print a;b
   ```
   A. 10 5　　　　　B. a b　　　　　C. 0 1　　　　　D. 10 30

— 39 —

7. 表达式 12000 + ″129″ & 200 的值是（　　　）。

  A. 12329   B. ″12129200″

  C. ″12000129200″   D. ″12329″.

8. 将任意一个正的两位数 N 的个位数与十位数对换的表达式为（　　　）。

  A. (N-Int(N/10)*10)*10+Int(N/10)

  B. N-Int(N)/10*10+Int(N)/10

  C. Int(N/10)+(N-Int(N/10))

  D. (N-Int(N/10)*10+Int(N/10)

9. 使标签所在处显示背景，应把 BackStyle 属性设置为（　　　）。

  A. 0   B. 1   C. True   D. False

10. 表达式 X+1>X 是（　　　）。

  A. 算术表达式   B. 非法表达式

  C. 字符串表达式   D. 关系表达式

11. 下列说法有错误的是（　　　）。

  A. 默认情况下，属性 Visible 的值为 False

  B. 如果设置控件的 Visible 属性为 False，则运行时控件会隐藏

  C. Visible 的值可设为 True 或者 False

  D. 设置 Visible 属性同设置 Enabled 属性的功能是相同的，都是使控件处于失效状态

12. 通过文本框的（　　　）属性可以获得当前插入点所在的位置。

  A. Position   B. SelStart   C. SelLength   D. Left

13. 若在 Shape 控件内以 FillStyle 属性所指定的图案填充区域，而填充图案的线条颜色由 FillColor 属性指定，非线条的区域由 BackColor 属性填充，则应（　　　）。

  A. 将 Shape 控件的 FillStyle 属性设置为 2 至 7 间的某个值，BackStyle 属性设置为 1

  B. 将 Shape 控件的 FillStyle 属性设置为 0 或 1，BackStyle 属性设置为 1

  C. 将 Shape 控件的 FillStyle 属性设置为 2 至 7 间的某个值，BackStyle 属性设置为 0

  D. 将 Shape 控件的 FillStyle 属性设置为 0 或 1，BackStyle 属性设置为 0

14. 事件的名称（　　　）。

  A. 都要由用户定义   B. 有的由有用户定，有的由系统定义

  C. 都是由系统预先定义   D. 是不固定的

15. 在窗体上有一个文本框控件，名称为 TextTime；一个计时器控件，名称为 Timer1。要求每一秒在文本框中显示一次当前的时间。程序为：

  Private Sub Timer1_ ＿＿＿＿＿＿

TextTime.text=Time

End Sub

在下划线上应填入的内容是（　　　　）。

A．Enabled　　　　　B．Visible　　　　　C．Interval　　　　　D．Timer

16．网络信息服务管理工具被包含在 Visual Basic 的（　　　　）中。

A．试用版　　　　　B．学习版　　　　　C．专业版　　　　　D．企业版

17．函数过程 Fl 的功能是：如果参数 b 为奇数，则返回值为 1，否则返回值为 0。以下能正确实现上述功能的代码是（　　　　）。

A．Function Fl(b As Integer)
　　　　If b Mod 2=0 Then
　　　　　　Return　　0
　　　　Else
　　　　　　Return　1
　　　　End If
　　End Function

B．Function F1(b As Integer)
　　　　If b Mod 2=0 Then
　　　　　　F1=0
　　　　Else
　　　　　　F1=1
　　　　End If
　　End Function

C．Function Fl (b As Integer)
　　　　If b Mod 2=0 Then
　　　　　　Fl=1
　　　　Else
　　　　　　F1=0
　　　　End If
　　End Function

D．Function Fl (b As Integer)
　　　　If b Mod 2<>0 Then
　　　　　　Return　0
　　　　Else
　　　　　　Return　1
　　　　End If
　　End Function

18．Cls 方法可以清除窗体或图片框中的（　　　　）内容。

A. 在设计阶段使用 Picture 属性设置的背景位图

B. 在设计阶段放置的控件

C. 在运行阶段产生的图形和文字

D. 以上全部内容

19. 如果在立即窗口中执行以下操作，则输出结果是（　　　）。

a=8<CR>

b=9<CR>

Print a>b <CR>

A. -1　　　　　　　　B. 0　　　　　　　　C. False　　　　　　　　D. True

20. 假定有如下的命令按钮（名称为 Command1）事件过程：

Private Sub Command1_Click()

　　　x = InputBox("输入：", "输入整数")

　　　MsgBox "输入的数据是:", , "输入数据:" + x

End Sub

程序运行后，单击命令按钮，如果从键盘上输入整数 10，则以下叙述中错误的是（　　　）。

A. x 的值是数值 10

B. 输入对话框的标题是"输入整数"

C. 信息框的标题是"输入数据:10"

D. 信息框中显示的是"输入的数据是:"

21. 窗体上有 1 个名称为 CD1 的通用对话框，1 个名称为 Command1 的命令按钮。命令按钮的单击事件过程如下：

Private Sub Command1_Click()

　　　CD1.FileName = ""

　　　CD1.Filter = "All Files|*.*|(*.Doc)|*.Doc|(*.Txt)|*.Txt"

　　　CD1.FilterIndex = 2

　　　CD1.Action = 1

End Sub

关于以上代码，错误的叙述是（　　　）。

A. 执行以上事件过程，通用对话框被设置为"打开"文件对话框

B. 通用对话框的初始路径为当前路径

C. 通用对话框的默认文件类型为*.Txt

D. 以上代码不对文件执行读写操作

22. 文件是（　　　）构成的数据集合。

A. 字段　　　　　　　B. 字符　　　　　　　C. 记录　　　　　　　D. 汉字

23. 标准模块存盘后，形成的磁盘文件扩展名是（　　　）。

A. .bas   B. .cls   C. .frm   D. .txt

24. Visual Basic 是一种面向对象的程序设计语言，构成对象的三要素是（   ）。
    A. 属性、控件和方法   B. 属性、事件和方法
    C. 窗体、控件和过程   D. 控件、过程和模块

25. 以下叙述中错误的是（   ）。
    A. 语句"Dim a, b As Integer"声明了两个整型变量
    B. 不能在标准模块中定义 Static 型变量
    C. 窗体层变量必须先声明，后使用
    D. 在事件过程或通用过程内定义的变量是局部变量

26. 下列成员中不属于主窗口的是（   ）。
    A. 最大化按钮   B. 状态栏
    C. 系统菜单   D. 工具栏

27. 在运行阶段，要在文本框 Text1 获得焦点时选中文本框中所有内容，对应的事件过程是
    （   ）。
    A. Private Sub Text1_GotFocus( )   B. Private Sub Text1__LostFocus( )
       Text1.SelStart=0   Text1.SelStart=0
       Text1.SelLength=Len(Text1.Text)   Text1.SelLength=Len(Text1.Text)
       End Sub   End Sub
    C. Private Sub Text1__Change( )   D. Private Sub Text1_SetFocus( )
       Text1.SelStart=0   Text1.SelStart=0
       Text1.SelLength=Len(Text1.Text)   Text1.SelLength=Len(Text1.Text)
       End Sub   End Sub

28. 在窗体上画一个名称为 Command1 的命令按钮，再画两个名称分别为 Label1、Label2 的
    标签，然后编写如下程序代码：

```
Private X As Integer
Private Sub Command1_Click()
    X = 5: Y = 3
    Call proc(X, Y)
    Label1.Caption = X
    Label2.Caption = Y
End Sub

Private Sub proc(ByVal a As Integer, ByVal b As Integer)
    X = a * a
    Y = b + b
```

End Sub

程序运行后，单击命令按钮，则两个标签中显示的内容分别是（　　　）。

A. 5 和 3   B. 25 和 3   C. 25 和 6   D. 5 和 6

29. 下列程序段的执行结果为（　　　）。

```
a=0:b=0
For i=-1 To –2 Step -1
  For j=1 To 2
    b=b+1
  Next j
a=a+1
Next i
Print a;b
```

A. 2 4   B. -2 2   C. 4 2   D. 2 3

30. 执行以下程序段后，整型变量 C 的值为（　　　）。

```
a=24
b=328
Select Case b\10
    Case 0
        c=a*10+b
Case 1 to 9
        c=a*100+b
Case 10 to 99
        c=a*1000+b
End Select
```

A. 537   B. 2427   C. 24328   D. 240328

31. 设 a=2，b=3，c=4，d=5，下列表达式的值是（　　　）。

Not a<=c Or 4*c=b^2 And b<>a+c

A. –1   B. 1   C. True   D. False

32. 关于多行结构条件语句的执行过程，正确的是（　　　）。

A. 各个条件所对应的<语句序列>中，一定有一个<语句序列>被执行

B. 找到<条件>为 TRUE 的第一个入口，便从此开始执行其后的所有<语句序列>

C. 若有多个<条件>为 TRUE，则它们对应的<语句序列>都被执行

D. 多行选择结构中的<语句序列>，有可能任何一个<语句序列>都不被执行

33. 下列选项中，为字符串常量的是（　　　）。

A. 6/12/2001   B. ″6/12/2001″

C．#6,12,2001#　　　　　　　　　　D．6,12,2001#

34．在窗体上画一个命令按钮，然后编写如下事件过程：

```
Private Sub Command1_Click()
x=0
Do    Until x=-1
a=InputBox("请输入 a 的值")
a=Val(a)
b=InputBox("请输入 b 的值")
b=Val(b)
x=InputBox("请输入 x 的值")
x=Val(x)
a=a+b+x
Loop
Print a
End Sub
```

程序运行后，单击命令按钮，依次在输入对话框中输入 10、8、9、2、11、-1，则输出结果为（　　　　）。

A．12　　　　　　B．13　　　　　　C．14　　　　　　D．15

35．（　　　）使图像（Image）控件中的图像自动适宜控件的大小。

A．将控件的 AutoSize 属性设为 True

B．将控件的 AutoSize 属性设为 False

C．将控件的 Stretch 属性设为 True

D．将控件的 Stretch 属性设为 False

二、填空题

请将答案分别写在答题卡中序号为【1】至【15】的横线上，答在试卷上不得分。

1．将控件添加到工具箱中，应先在工具箱的空白处单击右键，在弹出的快捷菜单中选择【1】选项，然后在弹出的对框中选择所需的控件。

2．建立窗口并存盘后，除了生成窗体文件外，还会生成【2】文件。

3．为在新建工程中模块的"通用声明"段自动加入 Option Explicit 语句，应在【3】对话框中的"编辑器"选项卡上进行相应选项的选择。

4．Visual Basic 对象可以分为两类，分别为【4】和用户定义对象。

5．读下列程序：

```
Private Sub Form_Click()
Static x(4)    As    Integer
For i=1 To 4
x(i)=x(i)+i*3
Next i
Print
For i=1 To 4
Print ″x(″; i; ″)=″; x(i);
Next i
End Sub
```

该程序在运行了三次后，其最终结果是 【5】 。

6. 窗体上有一个名称为 List1 的列表框，一个名称为 Text1 的文本框，一个名称为 Label1、Caption 属性为"Sum"的标签，一个名称为 Command1、标题为"计算"的命令按钮。程序运行后，将把 1~100 之间能够被 7 整除的数添加到列表框中。如果单击"计算"按钮，则对 List1 中的数进行累加求和，并在文本框中显示计算结果，如下图所示。以下是实现上述功能的程序，请填空。

```
Private Sub Form_Load()
    For i = 1 To 100
        If i Mod 7 = 0 Then
            【6】
        End If
    Next
End Sub


Private Sub Command1_Click()
    Sum = 0
    For i = 0 To List1.ListCount-1 或 14
        Sum = Sum +【7】
    Next
    Text1:Text = Sum
End Sub
```

7. 在 C 盘当前文件夹下建立一个名为 StuData.txt 的顺序文件。要求用 InputBox 函数输入 5 名学生的学号（StuNo）、姓名（StuName）和英语成绩（StuEng）。

```
Private Sub Form_Click( )
    Open "C:StuData.txt"For OutPUt As #1
        For i=l To 5
            StuNo=InputBox("请输入学号")
            StuName=InputBox("请输入姓名")
            StuEng=Val(InputBox("请输入英语成绩"))
            【8】
        Next i
    Close #1
    End Sub
```

8. 在窗体上面两个名称分别为 Command1 和 Command2、标题分别为"初始化"和"求和"的命令按钮。程序运行后，如果单击"初始化"命令按钮，则对数组 a 的各元素赋值；如果单击"求和"命令按钮，则求出数组 a 的各元素之和，并在文本框中显示出来，如下图所示。请填空。

```
Option Base 1
Dim a(3, 2)As Integer
Private Sub Command1_Click()
    For i = 1 To 3
        For j = 1 To 2
        【9】 = i + j
        Next j
    Next i
End Sub

Private Sub Command2_Click()
    For j = 1 To 3
        For i = 1 To 2
            s = s + a(j, i)
        Next i
    Next j
```

```
        Text1.Text=【10】
End Sub
```

9. 以下程序用于求 $S=1+3+3^2+3^3+\cdots+3^{10}$ 的值。

```
Private Sub Command1_Click( )
    S=1
    T=1
    For I=l To 10
    T=【11】
    S=S+T
    Next I
    Print " S= " ; S
End Sub
```

10. 滚动条响应的重要事件有 【12】 和 Change。

11. 阅读以下程序：

```
Private Sub Form_Click( )
Dim k,n,m As Integer
n=10
m=1
k=1
Do While k<=n
m=m+2
k=k+1
Loop
Print m
End Sub
```

单击窗体，程序的执行结果是【13】。

12. 语句 FontSize=FontSize*2 的功能是 【14】。

13. 以下是一个比赛评分程序。在窗体上建立一个名为 Text1 的文本框数组，然后画一个名为 Text2 的文本框和名为 Command1 的命令按钮。运行时在文本框数组中输入 7 个分数，单击"计算得分"命令按钮，则最后得分显示在 Text2 文本框中（去掉一个最高分和一个最低分后的平均分即为最后得分），如下图所示。请填空。

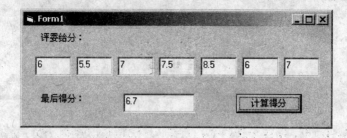

Private Sub Command1_Click()
    Dim k As Integer
    Dim sum As Single, max As Single, min As Single
    sum = Text1(0)
    max = Text1(0)
    min = 【15】
    For k= 1 To 6
        If max < Text1(k) Then
            max = Text1(k)
        End If
        If min>Text1(k) Then
            min = Text1(k)
        End If
        sum = sum + Text1(k)
    Next k
    Text2 = (sum-max-min) / 5
End Sub

第 6 套

一、选择题

下列各题 A、B、C、D 四个选项中，只有一个选项是正确的，请将正确选项涂写在答题卡相应位置上，答在试卷上不得分。

1. 在正确安装 Visual Basic 6.0 后，可以通过多种方式启动 Visual Basic。以下方式中不能启动 Visual Basic 的是（　　　）。
   A. 通过"开始"菜单中的"程序"命令
   B. 通过"我的电脑"找到 vb 6.exe,双击该文件名
   C. 通过"开始"菜单中的"运行"命令
   D. 进入 DOS 方式，执行 vb 6.exe 文件

2. 以下关于复选框的说法，正确的是（　　　）。
   A. 复选框的 Enabled 属性用于决定该复选框是否被选中
   B. 复选框的 Value 属性用于决定该复选框是否被选中
   C. 复选框的 Checked 属性用于决定该复选框是否被选中
   D. 复选框的 Visible 属性用于决定该复选框是否被选中

3. 在窗体上画一个名称为 List1 的列表框，为了对列表框中的每个项目都能进行处理，应使用的循环语句为（　　　）。
   A. For i=0 To List1.ListCount−1
      ⋮
      Next
   B. For i=0 To List1.Count−1
      ⋮
      Next
   C. For i=1 To List1.ListCount
      ⋮
      Next
   D. For i=1 To List1.Count
      ⋮
      Next

4. 组合框控件是将（　　　）组合成一个控件。
   A. 列表框控件和文本框控件
   B. 标签控件和列表框控件
   C. 标签控件和文本框控件
   D. 复选框控件和选项按钮控件

5. 用如下语句所定义的数组的元素个数是（　　　）个。
   Dim b(-2 to 4) as string
   A. 2　　　　　　　　B. 4　　　　　　　　C. 6　　　　　　　　D. 7

6. 下列每组控件中，都包含有滚动条的一组控件是（　　　）。

A．ListBox 和 LabelBox   B．TextBox 和 DriveListBox
C．ComboBox 和 CheckBox   D．FileListBox 和 DirListBox

7. 设 x=4, y=8, z=7，以下表达式的值是（   ）。
   x<y   And (Not y>z) Or z<x
   A．1   B．-1   C．True   D．False

8. 当执行以下过程时，在名为 lplResult 的标签框内将显示（   ）。
   Private Sub cmdlt_Click( )
       Dim i,r
       r=0
       For i=l To 5 Step 1
         r=r+i
       Next i
       lplResult.Caption=Str$(r)
   End Sub
   A．字符串 15   B．整数 15   C．字符串 5   D．整数 5

9. 下列对于线性链表的描述中正确的是（   ）。
   A．存储空间不一定是连续，且各元素的存储顺序是任意的
   B．存储空间不一定是连续，且前件元素一定存储在后件元素的前面
   C．存储空间必须连续，且前件元素一定存储在后件元素的前面
   D．存储空间必须连续，且各元素的存储顺序是任意的

10. 下面是窗体 Form1 的 Click 事件过程，实现运行时每次单击窗体，窗体均向右移动 100
    的是（   ）。
    Private Sub____
        Static Intleft As Integer
        Intleft=Intleft+100
        Form1.Left=Intleft
    End Sub
    A．Form1_Click( )   B．Form_Click( )
    C．Command_Click( )   D．Command1_Click( )

11. 为了在按下回车键时执行某个命令按钮的事件过程，需要把该命令按钮的一个属性设置
    为 True，这个属性是（   ）。
    A．Value   B．Cancel   C．Enabled   D．Default

12. 要使文本框获得输入焦点，则应采用文本框控件的（   ）方法。
    A．GotFocus   B．LostFocus

C. KeyPress   D. SetFocus

13. 下述程序的运行结果是（   ）。
    For m=3 To l Step-1
    x$=String$(m, ″#″)
    Print x$
    Next m
    A. 1#   B. ###   C. #   D. 3#
        2#   ##   ##   2#
        3#   #   ###   1#

14. 引用列表框（List1）最后一个数据项应使用的表达式是（   ）。
    A. List1.List(List1.ListCount)   B. List1.List(List1.ListCount – 1)
    C. List1.List(ListCount)   D. List1.List(ListCount – 1)

15. 假定窗体上有一个标签，名为 Label1，为了使该标签透明且没有边框，则正确的属性设
    置为（   ）。
    A. Label1.BackStyle=0   B. Label1.BackStyle=1
        Label1.BorderStyle=0   Label1.BorderStyle=1
    C. Label1.BackStyle=True   D. Label1.BackStyle=False
        Label1.BorderStyle=True   Label1.BorderStyle=False

16. 如果一个工程含有多个窗体及标准模块，则以下叙述中错误的是（   ）。
    A. 任何时刻最多只有一个窗体是活动窗体
    B. 不能把标准模块设置为启动模块
    C. 用 Hide 方法只是隐藏一个窗体，不能从内存中清除该窗体
    D. 如果工程中含有 Sub Main 过程，则程序一定首先执行该过程

17. 假定有以下两个过程：
    Private   Sub   PPP (a As Single, b As Single)
    a=a+b
    Print a,b
    b=a+b
    Print a,b
    End Sub
    Private Sub Form_Activate(   )
    x=18
    Call   PPP((x),(x))
    Print x;
    End Sub

则以下说法中不正确的是（　　　）。

A. 虚参是 a 和 b，两个实参(x)和(x)允许重名

B. 虚参是 a 和 b，实参(x)表示传值调用

C. 虚参是 a 和 b，实参(x)表示是非传址调用

D. 虚参是 a 和 b，两个实参(x)和(x)不允许重名

18. 为了在按下 Esc 键时执行某个命令按钮的 Click 事件过程，需要把该命令按钮的一个属性设置为 True，这个属性是（　　　）。

A. Value
B. Default
C. Cancel
D. Enabled

19. 双击窗体中的对象后，Visual Basic 显示的窗口是（　　　）。

A. 项目（工程）窗口
B. 工具箱

C. 代码窗口
D. 属性窗口

20. 下列定义语句中不能定义为字符型数据的是（　　　）。

A. Defstr c
B. c

C. Static c As String
D. Dim c As Single

21. 有如下程序，运行后输出的是（　　　）。

```
Option Base 1
Private Sub Command1_Click( )
Dim aj(1 To 10)
For j=6 To 10
    aj(j)=j*2
Next j
Print aj(1)+aj(j)
End Sub
```

A. 5
B. 20
C. 22
D. 显示出错信息

22. 在窗体上画一个名称为 Command1 的命令按钮，然后编写如下程序：

```
Private Sub Command1_Click( )
    Dim i As Integer,j As Integer
    Dim a(10,10)As Integer
For i=1 To 3
    For j=1 To 3
        a(i,j)=(i-1)*3+j
        Print a(i,j);
    Next j
    Print
Next i
```

— 53 —

End Sub

程序运行后，单击命令按钮，窗体上显示的是（　　　）。

A. 12 3　　　　　　　B. 23 4　　　　　　　C. 14 7　　　　　　　D. 123
　　246　　　　　　　　　345　　　　　　　　258　　　　　　　　456
　　369　　　　　　　　　456　　　　　　　　369　　　　　　　　789

23. VB 的 3 种结构化程序设计的 3 种基本结构是（　　　）。

A. 选择结构、过程结构、顺序结构

B. 递归结构、选择结构、循环结构

C. 过程结构、转向结构、递归结构

D. 选择结构、顺序结构、循环结构

24. 编写如下事件过程：

Private Sub Form_MouseMove(Button As Integer,Shift As Integer ,X As Single,Y As Single)

Cls

If (Button And 1)Then Print ″你好″

End Sub

程序运行后，为了在窗体上显示"你好"，应在窗体上执行以下（　　　）操作。

A. 只能按下左按键并拖动　　　　　　　B. 只能按下右按键并拖动

C. 只能按下左按键　　　　　　　　　　D. 只能按下右按键

25. 下列说法错误的是（　　　）。

A. 在同一模块不同过程中的变量可以同名

B. 不同模块中定义的全局变量不可以同名

C. 引用另一模块中的全局变量时，必须在变量名前加模块名

D. 同一模块中不同级的变量可以同名

26. 表达式 2*3^2+2*8/4+3^2 的值为（　　　）。

A. 64　　　　　　　　　B. 31　　　　　　　　　C. 49　　　　　　　　　D. 22

27. 应用数据库的主要目的是（　　　）。

A. 解决数据保密问题　　　　　　　　　B. 解决数据完整性问题

C. 解决数据共享问题　　　　　　　　　D. 解决数据量大的问题

28. 以下叙述中错误的是（　　　）。

A. 双击鼠标可以触发 DblClick 事件

B. 窗体或控件的事件的名称可以由编程人员确定

C. 移动鼠标时，会触发 MouseMove 事件

D. 控件的名称可以由编程人员设定

29. 下述程序的输出图形是（　　　）。

```
For k=0 To 360
    Cr=Int(160*Rnd)
    Ang=-3.1415926/180*k
    Circle(200,200),50,cr,0,ang
Next
```

A．一段彩色圆弧　　　　　　　　　B．一个彩色扇形

C．一个彩色空心圆　　　　　　　　D．一个辐射状彩色圆形

30. 有如下函数过程：

```
Function lj(x As Integer) As Long
        Dim s As Long
        Dim i As Integer
        s=0
For i=1 To x
        s=s+i
Next i
        lj=s
End Function
```

在窗体上添加一个命令按钮，名为 Command1，编写事件过程调用该函数，输出结果为（　　　）。

```
Private Sub Command1__Click( )
        Dim i As Integer
        Dim sum As Long
        For i=1 To 5
            sum=sum+lj(i)
        Next i
        Print sum
End Sub
```

A．25　　　　　　　B．35　　　　　　　C．45　　　　　　　D．55

31. 下列叙述中不正确的是（　　　）。

A．变量名的第一个字符必须是字母

B．变量名的长度不超过 255 个字符

C．变量名可以包含小数点或者内嵌的类型声明字符

D．变量名不能使用关键字

32. 设置组合框的风格，可用的属性是（　　　）。

A．Backstyle　　　B．Borderstyle　　　C．Style　　　　D．Sorted

33. 图像框中的 stretch 属性为 true 时，其作用是（   ）。
    A. 只能自动设定图像框长度
    B. 图形自动调整大小以适应图像控件
    C. 只能自动缩小图像
    D. 只能自动扩大图像

34. 能够将文本框控件隐藏起来的属性是（   ）。
    A. Clear   B. Visible   C. Hide   D. New

35. 执行语句 Open"C：StuData.dat" For Input As#2 后，系统（   ）。
    A. 将 C 盘当前文件夹下名为 StuData.dat 的文件的内容读入内存
    B. 在 C 盘当前文件夹下建立名为 StuData.dat 的顺序文件
    C. 将内存数据存放在 C 盘当前文件夹下名为 StuData.dat 的文件中
    D. 将某个磁盘文件的内容写入 C 盘当前文件夹下名为 StuData.dat 的文件中

二、填空题
请将答案分别写在答题卡中序号为【1】至【15】的横线上，答在试卷上不得分。

1. 为同一种对象设置不同的属性，可以使一种对象具有不同的外观和不同的【1】。

2. 快捷键 Ctrl+O 的功能相当于执行文件菜单中的【2】命令。

3. 在 VB 6.0 中，InputBox 函数用于产生【3】对话框。

4. 在面向对象的程序设计中，类描述的是具有相似性质的一组【4】。

5. 以下程序段的输出结果是【5】 。
   ```
   num=0
   While num<=2
        num = num+1
   Wend
   Print num
   ```

6. 属性窗口主要是针对窗体和控件设置的。在 Visual Basic 中，窗体和控件被称为【6】。每个对象都可以用一组属性来刻画其特征,而属性窗口就是用来设置窗体或窗体中控件属性的。

7. Printer.Print〃*〃,星号输出到【7】。

8. 面向对象的程序设计是把【8】封装起来作为一个对象，并为每一个对象设置所需的属性。

9. 在窗体上绘制一个文本框和一个图片框，然后编写如下两个事件过程：

```
Private Sub Form_Click()
        Text1.Text="VB 程序设计"
End Sub
Private Sub Text1_Change()
        Picture1.Print "VB Programming"
End Sub
```

程序运行后，单击窗体，则在文本框中显示的内容是【9】 ，而在图片框中显示的内容是 【10】 。

10. 以下程序的功能是：用 Array 函数建立一个含有 8 个元素的数组，然后查找并输出该数组中各元素的最小值。请填空。

```
Option Base 1
Private Sub Command1_Click()
        Dim arr1
        Dim Min As Integer, i As Integer
        arr1=Array(12, 435, 76, -24, 78, 54, 866, 43)
        Min=【11】
        For i=2 To 8
                If arr1(i) < Min Then  【12】
        Next i
        Print "最小值是:"; Min
End Sub
```

11. 假设某应用程序开发工程（默认的工程名为"工程 1"）已先后创建了两个窗体，其名称分别为 form1 和 form2。为使窗体 form1 成为运行该工程时的启动窗体，在开发过程中，应在"工程-工程 1 属性"对话框内的"通用"标签下，在"启动对象"的下拉列表框中，选择所需启动的窗体名【13】。

12. 在 n 个运动员中选出任意 r 个人参加比赛，有很多种不同的选法，选法的个数可以用公式 $\frac{n!}{(n-r)!r!}$ 计算。下图窗体中 3 个文本框的名称依次是 Text1、Text2、Text3。程序运行时在 Text1、Text2 中分别输入 n 和 r 的值，单击 Command1 按钮即可求出选法的个数，并显示在 Text3 文本框中。请填空。

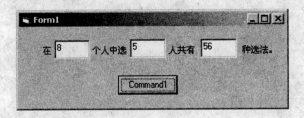

```
Private Sub Command1_Click()
    Dim r As Integer, n As Integer
    n = Text1
    r = Text2
    Text3 = fun(n) / fun( 【14】 ) / fun(r)
End Sub
Function fun(n As Integer) as long
    Dim t As Long
    【15】
    For k = 1 To n
        t = t * k
    Next
    fun = t
End Function
```

第7套

一、选择题

下列各题 A、B、C、D 四个选项中，只有一个选项是正确的，请将正确选项涂写在答题卡相应位置上，答在试卷上不得分。

1. 在窗体上有若干控件，其中有一个名称为 Text1 的文本框。影响 Text1 的 Tab 顺序的属性是（　　）。
   A. TabStop
   B. Enabled
   C. Visible
   D. TabIndex

2. 以下关于图片框控件的说法中，错误的是（　　）。
   A. 可以通过 Print 方法在图片框中输出文本
   B. 清空图片框控件中图形的方法之一是加载一个空图形
   C. 图片框控件可以作为容器使用
   D. 用 Stretch 属性可以自动调整图片框中图形的大小

3. 设 A=〞12345678〞，则表达式 Val(Left(A,4)+Mid(A,4,2)) 的值为（　　）。
   A. 123456
   B. 123445
   C. 8
   D. 6

4. 数学表达式 sin25° 写成 Visual Basic 表达式是（　　）。
   A. sin25
   B. sin(25)
   C. sin(25°)
   D. sin(25*3.14/180)

5. 要使一个命令按钮成为图形命令按钮，则应设置的属性是（　　）。
   A. Picture
   B. Style
   C. LoadPicture
   D. DisabledPicture

6. 下面的属性中，用于自动调整图像框中图形大小的是（　　）。
   A. Picture
   B. CurrentY
   C. CurrentX
   D. Stretch

7. 假设 x 的值为 5，则在执行以下语句时，其输出结果为"Ok"的 Select Case 语句是（　　）。
   A. Select Case x
      Case 10 to 1
        Print〞Ok〞
      End Select
   B. Select Case x
      Case Is ＞5,Is＜5
        Print〞Ok〞
      End Select
   C. Select Case x
      Case Is ＞5,1,3 To 10
   D. Select Case x
      Case Is 1,3,Is＞5

— 59 —

Print〃Ok〃   Print〃Ok〃

End Select   End Select

8. 对于长度为 n 的线性表，在最坏情况下，下列各排序法所对应的比较次数中正确的是
（   ）。
   A．冒泡排序为 n/2   B．冒泡排序为 n
   C．快速排序为 n   D．快速排序为 n(n-1)/2

9. 为了防止用户随意将光标置于控件上，应（   ）。
   A．将控件的 TabIndex 属性设置为 0
   B．将控件的 TabStop 属性设置为 True
   C．将控件的 TabStop 属性设置为 False
   D．将控件的 Enabled 属性设置为 False

10. 产生[10，37]之间的随机整数的 Visual Basic 表达式是（   ）。
    A．Int(Rnd(1)*27)+10   B．Int(Rnd(1)*28)+10
    C．Int(Rnd(1)*27)+11   D．Int(Rnd(1)*28)+11

11. 在窗体上绘制一个名称为 Command1 的命令按钮，然后编写如下程序：

```
Option Base 1
Private Sub Command1_Click()
        Dim c As Integer, d As Integer
        d=0
        c=6
        x=Array(2, 4, 6, 8, 10, 12)
        For i=1 To 6
            If x(i)>c Then
                    d=d+x(i)
                    c=x(i)
            Else
                    d=d - c
            End If
        Next i
        Print d
End Sub
```

程序运行后，如果单击命令按钮，则在窗体上输出的内容为（   ）。

A．10   B．16   C．12   D．20

12. 下列叙述中正确的是（   ）。
    A．软件交付使用后还需要进行维护

— 60 —

B. 软件一旦交付使用就不需要再进行维护

C. 软件交付使用后其生命周期就结束

D. 软件维护是指修复程序中被破坏的指令

13. 假定一个 Visual Basic 应用程序由一个窗体模块和一个标准模块构成。为了保存该应用程序，以下正确的操作是（　　　）。

   A. 只保存窗体模块文件

   B. 分别保存窗体模块、标准模块和工程文件

   C. 只保存窗体模块和标准模块文件

   D. 只保存工程文件

14. 下面的数组声明语句中正确的是（　　　）。

   A. Dim gg[1，5]As String   B. Dim gg[1 To 5，1 To 5]As String

   C. Dim gg(1 To 5)As String   D. Dim gg[l:5，1：5]As String

15. 在 Visual Basic 中，组合框是文本框和（　　　）特性的组合。

   A. 复选框   B. 标签   C. 列表框   D. 目录列表框

16. 给程序的空白行选择适当的语句。程序段的功能是：依次自动将列表框 List2 中所有列表项目移入列表框 List1 中，并将移入 List1 中的项目从 List2 中删除。（　　　）

   Do While List2.ListCount

   _____

   List2.RemoveItem0

   Loop

   A. List1.AddItem List2.List(0)   B. List1.AddItem List2.Text

   C. List2.AddItem List1.List(0)   D. List2.AddItem List1.Text

17. Visual Basic 为命令按钮提供的 Cancel 属性是（　　　）。

   A. 用来指定命令按钮是否为窗体的"取消"按钮

   B. 用来指定命令按钮的功能是停止一个运行程序

   C. 用来指定命令按钮的功能是关闭一个运行程序

   D. 用来指定命令按钮的功能是中断一个程序的运行

18. 在窗体上画一个命令按钮，其名称为 Command1，然后编写如下程序：

```
Private Sub Command1_Click()
    Dim a(10) As Integer
    Dim x As Integer
    For i = 1 To 10
        a(i) = 8 + i
    Next
```

```
        x = 2
        Print a(f(x) + x)
End Sub
Function f(x As Integer)
        x = x + 3
        f = x
End Function
```
程序运行后，单击命令按钮，输出结果为（　　　）。

A．12　　　　　　　B．15　　　　　　　C．17　　　　　　　D．18

19．为了在按下回车键时执行某个命令按钮的事件过程，需要把该命令按钮的一个属性设置为 True，这个属性是（　　　）。

A．Value　　　　　B．Default　　　　　C．Cancel　　　　　D．Engbled

20．在窗体(Name 属性为 Form1)上画两个文本框(其 Name 属性分别为 Text1 和 Text2)和一个命令按钮(Name 属性为 Command1)，然后编写如下两个事件过程：
```
Private Sub Command1_Click( )
a=Text1.Text+Text2.Text
Print a
End Sub
Private Sub Form_Load( )
Text1.Text=" "
Text2.Text=" "
End Sub
```
程序运行后，在第一个文本框（Text1）和第二个文本框（Text2）中分别输入 78 和 87，然后单击命令按钮，则输出结果为（　　　）。

A．165　　　　　　B．8778　　　　　　C．7788　　　　　　D．7887

21．在窗体上画一个文本框（其名称为 Text1）和一个标签（其名称为 Label1），程序运行后，如果在文本框中输入指定的信息，则立即在标签中显示相同的内容。以下可以实现上述操作的事件过程是（　　　）。
```
A．Private Sub Text1_Click()        B．Private Sub Text1_Change()
       Label1.Caption = Text1.Text           Label1.Caption = Text1.Text
   End Sub                              End Sub
C．Private Sub Label1_Change()      D．Private Sub Label1_Click()
       Label1.Caption = Text1.Text           Label1.Caption = Text1.Text
   End Sub                              End Sub
```

22．为使图像框的大小自动适应图像的大小，则应（　　　）。

A．将其 AutoSize 属性值设置为 True　　　B．将其 AutoSize 属性值设置为 False

C. 将其 Shape 属性值设置为 True　　　　D. 将其 Stretch 属性值设置为 False

23. InputBox 函数的 4 个参数中，必选参数的作用是（　　　）。
   A. 输出信息　　　　　　　　　　　　B. 定义提示信息
   C. 定义隐含信息　　　　　　　　　　D. 定义输入的位置

24. 有如下程序：
   DefStr X-Z
   X=″123″
   Y=″456″
   Z=X$+Y$
   Print Z$
   End
   运行后，输出结果是（　　　）。
   A. 显示出错信息　　　　　　　　　　B. 123456
   C. ″579″　　　　　　　　　　　　　D. 579

25. 下面四个语句中，输出逻辑为"真"的是（　　　）。
   A. Print Not(3+5<4+6)　　　　　　　B. Print 2>1 And 3<2
   C. Print 1 >2 Or 2>3　　　　　　　　D. Print Not(1>2)

26. 以下能够正确计算 n!的程序是（　　　）。
   A. Private Sub Command1_Click()　　　B. Private Sub Command1_Click()
      n=5: x=1　　　　　　　　　　　　　　n=5: x=1: i=1
      Do　　　　　　　　　　　　　　　　　Do
   　　　x=x*i　　　　　　　　　　　　　　　x=x*i
   　　　i=i+1　　　　　　　　　　　　　　　i=i+1
      Loop While i<n　　　　　　　　　　　Loop While i<n
      Print x　　　　　　　　　　　　　　　Print x
   End Sub　　　　　　　　　　　　　　　End Sub
   C. Private Sub Command1_Click()　　　D. Private Sub Command1_C1ick()
      n=5: x=1:i=1　　　　　　　　　　　　n=5: x=1: i=1
      Do　　　　　　　　　　　　　　　　　Do
   　　　x=x*i　　　　　　　　　　　　　　　x=x*i
   　　　i=i+1　　　　　　　　　　　　　　　i=i+1
      Loop while i<=n　　　　　　　　　　Loop While i>n
      Print x　　　　　　　　　　　　　　　Print x
   End Sub　　　　　　　　　　　　　　　End Sub

27. 窗体上有两个名称分别为 Text1、Text2 的文本框，一个名称为 Command1 的命令按钮。

运行后的窗体外观如下图所示。

设有如下的类型声明：
    Type Person
        name As String*8
        major As String*20
    End Type
当单击"保存"按钮时，将两个文本框中的内容写入一个随机文件 Test29.dat 中。设文本框中的数据已正确地赋值给 Person 类型的变量 p。则能够正确地把数据写入文件的程序段是（　　　）。

A.　Open "c:\Test29.dat" For Random As #1
    Put #1, 1, p
    Close #1

B.　Open "c:\Test29.dat" For Random As #1
    Get #1, 1, p
    Close #1

C.　Open "c:\Test29.dat" For Random As #1 Len=Len(p)
    Put #1, 1, p
    Close #1

D.　Open "c:\Test29.dat" For Random As #1 Len=Len(p)
    Get #1, 1, p
    Close #1

28. 要存放如下方阵的数据，在不浪费存储空间的基础上，应使用的声明语句是（　　　）。

$$\begin{bmatrix} 1 & 2 & 3 \\ 2 & 4 & 6 \\ 3 & 6 & 9 \end{bmatrix}$$

A.　Dim A(9) As Integer
B.　Dim A (3,3) As Integer
C.　Dim A(-1 To 1,-3 To -1) As Single
D.　Dim A (-3 To -1,1 To 3) As Integer

29. 窗体上有一个名为 Label1 的标签，为了使该标签透明并且没有边框，正确的属性设置为
（　　　）。

A. Label1.BackStyle=0   B. Label1.BackStyle=1
   Label1.BorderStyle=0   Label1.BorderStyle=1

C. Label1.BackStyle=true   D. Label1.BackStyle=False
   Label1.BorderStyle=true   Label1.BorderStyle=False

30. 单击命令按钮时，下列程序的执行结果为（   ）。

```
Private Sub Command1_Click()
Dim x As Integer，y As Integer
x=50：y=78
Call PPP(x，y)
Print x；y
End Sub
Public Sub PPP(ByVal n As Integer，ByVal m As Integer)
n=n\10
m=m\10
End Sub
```

A. 08   B. 50 78   C. 450   D. 78 50

31. 若要获得滚动条的当前值，可访问的属性是（   ）。

A. Text   B. Value   C. Max   D. Min

32. 将调试通过的工程经"文件"菜单中的"生成 exe 文件"编译成为 exe 文件后，该可执行文件到其他机器上不能运行的主要原因是（   ）。

A. 运行的机器上无 VB 系统   B. 缺少.frm 窗体文件

C. 该可执行文件有病毒   D. 以上原因都不对

33. 下列过程定义语句中，形参个数为不确定数量的过程是（   ）。

A. Private Sub Pro3(x As Double，y As Single)

B. Private Sub Pro3(Arr(3)，Option x，Option y)

C. Private Sub Pro3(ByRefx，ByValy，Arr())

D. Private Sub Pro3(ParamArray Arr())

34. 在窗体上画一个名称为 TxtA 的文本框，然后编写如下的事件过程：

```
Private Sub TxtA_KeyPress(keyascii as integer)

End Sub
```

若焦点位于文本框中，则能够触发 KeyPress 事件的操作是（   ）。

A. 单击鼠标   B. 双击文本框

C. 鼠标滑过文本框   D. 按下键盘上的某个键

35. 以下不属于 Visual Basic 系统的文件类型是（　　　）。

A．.frm　　　　　　B．.bat　　　　　　C．.vbg　　　　　　D．.vbp

二、填空题

请将答案分别写在答题卡中序号为【1】至【15】的横线上，答在试卷上不得分。

1．Visual Basic 应用程序中标准模块文件的扩展名是【1】。

2．Visual Basic 中，事件的名称是固定的，它们是 Visual Basic 的【2】。

3．在刚建立工程时，使窗体上的所有控件具有相同的字体格式，应对【3】的属性进行设置。

4．InputBox 函数输入数据时，可以单击"确定"按钮或【4】表示确认。

5．当对象得到焦点时，会触发【5】事件，当对象失去焦点时将触发 Lost Focus 事件。

6．在命令按钮上释放鼠标按钮时，所触发的事件称为【6】。

7．在工具栏的右侧还有两个栏，分别用来显示窗体的当前位置和大小，其单位为 twip，1 英寸等于【7】。左边一栏显示的是窗体左上角的坐标，右边一栏显示的是窗体的长×宽。

8．Visual Basic 中的控件分为 3 类，它们是标准控件、【8】和可插入对象。

9．有下面一个程序段，从文本框中输入数据，如果该数据满足条件"除以 4 余 1，除以 5 余 2"，则输出，否则，将焦点定位在文本框中，并清除文本框的内容。

```
Private Sub Command1_Click()
    x=Val(Textl. Text)
    If【9】 Then
        Print x
    Else
        Textl. Text=" "
        【10】
    End lf
End Sub
```

10．用 Line Input 语句从顺序文件读出数据时，每次读出一行数据。所谓一行是指遇到【11】分隔符，即认为一行的结束。

11．下列程序段的输出结果为【12】。

```
Dim S1(5)As Integer,S2(5)As Integer,S3(5)As Integer
```

```
N=4
For I=1 To N
S1(I)=I
L=N+1-I
S2(I)=L
Next I
S3（5）=0
For K=1To N
S3(K)=S1(K)*S2(K)
S3(5)=S3(5)+S3(K)
Next K
Print S1(3);S1(5);S1(2)
Print S2(4);S3(1);S3(5)
```

12. 下面程序的功能是找出给定的 10 个数中最大的一个数，最后输出这个数以及它在原来
10 个数中的位置。请在下划线处填入适当的内容，将程序补充完整。

```
Option Base 1
Private SubForm_Click ( )
Dim x
    x =Array(23, -5,17,38, -31,46,11,8,5, -4)
    Max =1
    k=1
10      k=k+1
    if x(k) > x(Max) then
     【13】
    End if
    If k < 10 then goto 10
    y=  【14】
    Print Max, y
End Sub
```

13. 下面运行程序后，单击命令按钮，输出的结果是【15】。

```
Private Sub Command1_click()
    Dim a%(1 To 4)，b%(3 To 6)，i%，s1#，s2#
    For i=1 To 4
        a(i) =i
    Next i
    For i=3 To 6
        b(i) = i
    Next i
```

```
        s1=YAS(a)
        s2=YAS(b)
        Print" s1=" ;s1" s2=" ;s2
End Sub
Function YAS(a()As Integer)
    Dim t#， i%
    t=1
    For i=LBound(a)To UBound(a)
        t=t*a(i)
    Next i
    YAS=t
End Function
```

第8套

一、选择题

下列各题 A、B、C、D 四个选项中，只有一个选项是正确的，请将正确选项涂写在答题卡相应位置上，答在试卷上不得分。

1. 每建立一个窗体，工程管理器窗口中就会增加一个（　　）。
   A．工程文件
   B．窗体文件
   C．程序模块文件
   D．类模块文件

2. 如果要在任何新建的模块中自动插入 Option Explicit 语句，则应采用下列（　　）操作步骤。
   A．"工具"菜单中选取"选项"命令，打开"选项"对话框，单击"编辑器"选项卡，选中"要求变量声明"选项
   B．在"编辑"菜单中执行"插入文件"命令
   C．在"工程"菜单中执行"添加文件"命令
   D．以上操作均不对

3. 下列关于闲置循环的四个叙述中，错误的是（　　）。
   A．闲置循环是当应用程序处于闲置状态下执行的循环
   B．闲置循环可以占用所有的 CPU 时间
   C．闲置循环是无法退出的
   D．闲置循环使系统不响应其他任何事件，除非使用 DoEvents 语句

4. Label 控件中内容能垂直方向变化而宽度保持不变则应设置（　　）属性。
   A．Wordwrap
   B．Enabled
   C．Locked
   D．AutoSize

5. 当对命令按钮的 Picture 属性装入.bmp 图形文件后，命令按钮上并没有显示所需的图形，原因是没有对某个属性设置为 1，该属性是（　　）。
   A．MousePicture
   B．Style
   C．DownPicture
   D．DisabledPicture

6. 执行如下两条语句后，窗体上显示的是（　　）。
   a=9.8596
   Print Format(a, "$0,000.00")
   A．0,009.86
   B．$9.86
   C．9.86
   D．$0,009.86

— 69 —

7. 对长度为 n 的线性表进行顺序查找，在最坏情况下所需要的比较次数为（　　　）。

    A. $\log_2 n$ B. n/2   C. n   D. n+1

8. 在窗体（名称为 Form1）上绘制一个名称为 Text1 的文本框和一个名称为 Command1 的命令按钮，然后编写一个事件过程。程序运行后，如果在文本框中输入一个字符，则把命令按钮的标题设置为"计算机等级考试"。以下能实现上述操作的事件过程是（　　　）。

    A. Private Sub Tex1_Change()

        Command1.Caption="计算机等级考试"

        End Sub

    B. Private Sub Command1_Click()

        Caption="计算机等级考试"

    C. Private Sub Command1_Click()

        Text.Caption="计算机等级考试"

    End Sub

    D. Private Sub Command1_Click()

        Text1.Text="计算机等级考试"

    End Sub

9. 如果想在程序中反复使用一个日期型数据"01/01/2005"，为了避免在编写程序时反复输入这个数据，也为了一次能够修改程序中所有用到这个数据的语句，可以采用（　　　）。

    A. 将这个数据声明为字符串型常量，用一个常量标识符代表它

    B. 将这个数据声明为字符串型变量，用一个变量标识符表示它

    C. 将这个数据声明为日期型常量，用一个常量标识符代表它

    D. 将这个数据声明为日期型变量，用一个变量标识符表示它

10. 在 Visual Basic 中，要使标签的标题居中显示，则将其 Alignment 属性设置为（　　　）。

    A. 0   B. 2   C. 1   D. 3

11. 下列叙述中正确的是（　　　）。

    A. 一个逻辑数据结构只能有一种存储结构

    B. 数据的逻辑结构属于线性结构，存储结构属于非线性结构

    C. 一个逻辑数据结构可以有多种存储结构，且各种存储结构不影响数据处理的效率

    D. 一个逻辑数据结构可以有多种存储结构，且各种存储结构影响数据处理的效率

12. 为了清除窗体上的一个控件，下列正确的操作是（　　　）。

    A. 按回车键

    B. 按 Esc 键

    C. 选择（单击）要清除的控件，然后按 Del 键

    D. 选择（单击）要清除的控件，然后按回车键

13. 在窗体上画一个名称为 Textl 的文本框和一个名称为 Commandl 的命令按钮，然后编写如下事件过程：

```
Private Sub Commandl_Click()
    Dim array1(10,10)As Integer
    Dim i As Integer,j As Integer
    For i=1 To 3
        For j=2 To 4
            array1(i,j)=i+j
        Next j
    Next i
    Text1.Text=array1(2,3)+array1(3,4)
End Sub
```

程序运行后，单击命令按钮，在文本框中显示的值是（　　　　）。
A. 12　　　　　　　　B. 13　　　　　　　　C. 14　　　　　　　　D. 15

14. 通过文本框的（　　）事件过程可以获取文本框中输入字符的 ASCII 码值。
A. Change　　　　　B. GotFocus　　　　　C. LostFocus　　　　　D. KeyPress

15. 目录列表框的 Path 属性的作用是（　　　　）。
A. 显示当前驱动器或指定驱动器上的某目录下的文件名
B. 显示当前驱动器或指定驱动器上的目录结构
C. 显示根目录下的文件名
D. 显示指定路径下的文件

16. 设有如下语句：
Dim a, b As Integer
c="VisualBasic"
d = #7/20/2005#
以下关于这段代码的叙述中，错误的是（　　　　）。
A. a 被定义为 Integer 类型变量
B. b 被定义为 Integer 类型变量
C. c 中的数据是字符串
D. d 中的数据是日期类型

17. Mid("Hello Everyone",7,3) 的执行结果是（　　　　）。
A. ong　　　　　　　B. every　　　　　　　C. Eve　　　　　　　D. one

18. 任何控件都具有（　　）属性。
A. Text　　　　　　　B. Caption　　　　　　C. Name　　　　　　D. ForeColor

19. 要使一个图片框控件能自动地附着在窗体的一条边上，应设置它的（　　　）属性。

A．Picture　　　　B．Aligmen　　　　C．Border　　　　D．Align

20. 执行以下程序段后，变量 c$ 的值为（　　　）。

```
a$ = "Visual Basic Programming"
b$ = "Quick"
c$ = b$ & UCase(Mid$(a$, 7, 6)) & Right$(a$, 12)
```

A．Visual BASIC Programming

B．Quick Basic Programming

C．QUICK Basic Programming

D．Quick BASIC Programming

21. 下列说法正确的是（　　　）。

A．一个应用程序中只能创建一个窗体

B．一个应用程序中只能创建一个模块

C．一个应用程序中只能创建一个 MDI 窗体

D．一个应用程序中只能创建一个 MDI 子窗体

22. 在窗体上画一个通用对话框，其名称为 CommonDialog1，然后画一个命令按钮，并编写如下事件过程：

```
Private Sub Command1_Click()
        CommonDialog1.Filter = "All Files (*.*)|*.*|Text Files" & _
                        "(*.txt)|*.txt| Executable Files(*.exe)|*.exe"
        CommonDialog1.FilterIndex = 3
        CommonDialog1.ShowOpen
        MsgBox CommonDialog1.FileName
End Sub
```

程序运行后，单击命令按钮，将显示一个"打开"对话框，此时在"文件类型"框中显示的是（　　　）。

A．All Files(*.*)　　　　　　　B．Text Files(*.txt)

C．Executable Files(*.exe)　　　D．不确定

23. 假定有一个菜单项，名为 MenuItem，为了在运行时使该菜单项失效（变灰），应使用的语句为（　　　）。

A．MenuItem.Enabled=False　　　B．MenuItem.Enabled=True

C．MenuItem.Visible=True　　　　D．MenuItem.Visible=Flase

24. 单击命令按钮时，下列程序代码的执行结果为（　　　）。

```
Private Sub Procl(n As Integer,ByVal m As Integer)
```

```
        n=n Mod 10
        m=m\10
End Sub
Private Sub Command1__Click( )
Dim x As Integer
Dim y As Integer
x=12
y=34
Call Procl(x,y)
Print x;y
End Sub
```

A. 12　　34　　　　　　　　B. 2　　　　34

C. 2　　　3　　　　　　　　D. 12　　　3

25. 下面叙述中正确的是（　　　）。

A. Spc 函数只能用于 Print 方法中

B. Space 函数既可以用于 Print 方法中，也能用于表达式

C. Spc 函数与 Space 函数均生成空格，没有区别

D. 以上说法均不对

26. 下面程序运行后的结果是（　　　）。

```
Private Sub Form_ Click ( )
        Dim s As Integer, k As Integer,i As Integer, n As Integer
        s=1
        for i =1 to3
            for j =i to 3
                for k = j to i step - 1
                    s=s*k
        next k,j,i
        print s
End Sub
```

A. 6　　　　　　B. 72　　　　　　C. 144　　　　　　D. 432

27. 在数据管理技术的发展过程中，经历了人工管理阶段、文件系统阶段和数据库系统阶段。其中数据独立性最高的阶段是（　　　）。

A. 数据库系统　　　B. 文件系统　　　C. 人工管理　　　D. 数据项管理

28. 下列程序运行时输出的结果是（　　　）。

```
Private Sub Form_ Click ( )
    Dim a
```

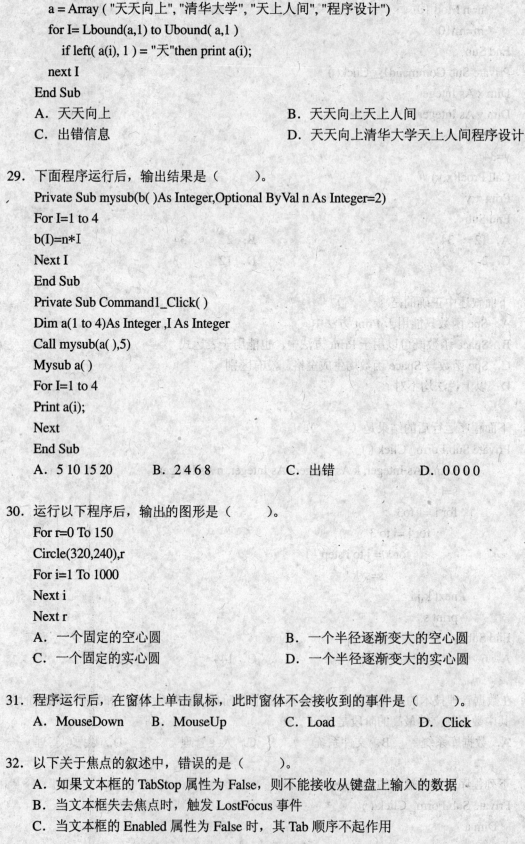

```
a = Array ( "天天向上", "清华大学", "天上人间", "程序设计")
    for I= Lbound(a,1) to Ubound( a,1 )
        if left( a(i), 1 ) = "天"then print a(i);
    next I
End Sub
```
A. 天天向上
B. 天天向上天上人间
C. 出错信息
D. 天天向上清华大学天上人间程序设计

29. 下面程序运行后，输出结果是（　　　　）。
```
Private Sub mysub(b( )As Integer,Optional ByVal n As Integer=2)
For I=1 to 4
b(I)=n*I
Next I
End Sub
Private Sub Command1_Click( )
Dim a(1 to 4)As Integer ,I As Integer
Call mysub(a( ),5)
Mysub a( )
For I=1 to 4
Print a(i);
Next
End Sub
```
A. 5 10 15 20
B. 2 4 6 8
C. 出错
D. 0 0 0 0

30. 运行以下程序后，输出的图形是（　　　　）。
```
For r=0 To 150
Circle(320,240),r
For i=1 To 1000
Next i
Next r
```
A. 一个固定的空心圆
B. 一个半径逐渐变大的空心圆
C. 一个固定的实心圆
D. 一个半径逐渐变大的实心圆

31. 程序运行后，在窗体上单击鼠标，此时窗体不会接收到的事件是（　　　　）。
A. MouseDown
B. MouseUp
C. Load
D. Click

32. 以下关于焦点的叙述中，错误的是（　　　　）。
A. 如果文本框的 TabStop 属性为 False，则不能接收从键盘上输入的数据
B. 当文本框失去焦点时，触发 LostFocus 事件
C. 当文本框的 Enabled 属性为 False 时，其 Tab 顺序不起作用

D. 可以用 TabIndex 属性改变 Tab 顺序

33. 以下定义数组或给数组元素赋值的语句中，正确的是（　　）。
    A. Dim a As Variant
       a=Array(1,2,3,4,5)
    B. Dim a(10) As Integer
       a=Array(1,2,3,4,5)
    C. Dim a%(10)
       a(1)="ABCDE"
       a(1)=1
       a(2)=2
       b=a
    D. Dim a(3),b(3)As Integer
       a(0)=0

34. 执行语句 s=Len(Mid("VisualBasic",1,6))后，s 的值是（　　）。
    A. Visual
    B. Basic
    C. 6
    D. 11

35. 下列语句中正确的是（　　）。
    A. If X<3*Y And X>Y Then Y=X^3
    B. If X<3*Y And X>Y Then Y=X3
    C. If X<3*Y:X>Y Then Y=X^3
    D. If X<3*Y And X>Y Then Y=X**3

二、填空题
请将答案分别写在答题卡中序号为【1】至【15】的横线上，答在试卷上不得分。

1. 欲打开各种 Visual Basic 窗口或显示工具栏，其对应的菜单命令均放置于主菜单项【1】的下拉菜单中。

2. 代码窗口分为左右两栏，左边一栏称为【2】，右边一栏称为过程框。

3. 设有如下程序段：
   a$="BeijingShanghai"
   b$=Mid(a$,InStr(a$,"g")+1)
   执行上面的程序段后，变量 b$的值为【3】。

4. 把"Visual Basic 程序设计"添加到列表框 lstBooks 的语句为【4】。

5. 数学公式（x+y）^{4}的 VB 算述表达式是【5】。

6. 在 3 种不同类型的组合框中，只能选择而不能输入数据的组合框是【6】。

7. 设有如下程序：

```
Private Sub Form_Click()
    Dim a As Integer, s As Integer
    n=8
    s=0
    Do
        s=s+n
        n=n-1
    Loop While n>0
    Print s
End Sub
```

以上程序的功能是【7】。程序运行后，单击窗体，输出结果为【8】。

8. Visual Basic 中允许出现的数为【9】。

±25.74	3.47E-10	.368	1.87E+50
10^(1.256)	D32	2.5E	12E3
34.75D+6	0.258		

9. 已知 B 的 ASCII 码为 66，以下程序统计由键盘输入的字符串中各英文字母的使用次数。

```
Dim 【10】
For i=65 To 90
    pp(i) =0
Next
x$=InputBox("Enter a string", x$)
x$=UCase$(x$)
For i=1 To Len (x$)
    n=Asc(Mid$(x$, i, 1))
    If n>=65 And n<=90 Then
        【11】
    End lf
Next i
For i=65 TO 90
    If pp(i)>0 Then
        Print Chr$(i); pp(i)
    End If
Next
```

10. 在窗体上画一个命令按钮（其 Name 属性为 Command1），然后编写如下代码：

```
Private Sub Command1_Click( )
    Dim a(5)
```

```
      For i=0 To 4
          A(i)=i+1
          t=i+1
          If t=3 Then
      Print a(i)
      A(t-1)=a(i-2)
      Else
          A(t)=a(i)
      End if
      If i=3 Then a(i+1)=a(t-4)
      A(4)=1
      Print a(i)
      Next I
      End Sub
程序运行后，单击命令按钮，输出结果是【12】。
```

11. 下面程序的功能是产生 10 个小于 100(不含 100)的随机正整数，并统计其中 5 的倍数所占比例，但程序不完整，请补充完整。

```
Sub PR()
      Randomize
      Dim a(10)
      For j=1 To 10
      a(i)=Int(【13】)
      If    a(j)Mod 5=0 Then k=k+1
      Print a(j)
      Next j
      Print
      Print k/10
End Sub
```

12. 在窗体上画 1 个名称为 Command1 的命令按钮和 2 个名称分别为 Text1、Text2 的文本框，如下图所示，然后编写如下程序：

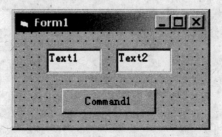

```
Function Fun(x As Integer, ByVal y As Integer) As Integer
    x = x + y
    If x < 0 Then
        Fun = x
    Else
        Fun = y
    End If
End Function
Private Sub Command1_Click()
    Dim a As Integer, b As Integer
    a = -10: b = 5
    Text1.Text = Fun(a, b)
    Text2.Text = Fun(a, b)
End Sub
```

程序运行后，单击命令按钮，Text1 和 Text2 文本框显示的内容分别是【14】和【15】。

第 9 套

一、选择题

下列各题 A、B、C、D 四个选项中，只有一个选项是正确的，请将正确选项涂写在答题卡相应位置上，答在试卷上不得分。

1. 下列成员中不属于主窗口的是（　　）。
   A. 最大化按钮　　　B. 状态栏　　　　　C. 系统菜单　　　　　D. 工具栏

2. 英文缩写 OLE 的含义是（　　）。
   A. 面向对象程序设计　　　　　　　　B. 对象链接
   C. 对象嵌入　　　　　　　　　　　　D. 对象链接与嵌入

3. 当一个对象(如窗体或图片框)被移动或改变大小之后，或当一个覆盖该对象的窗体被移开之后，如果要保持该对象上所画图形的完整性，可以选择触发（　　）事件来完成图形的重画工作。
   A. Paint　　　　　　　　　　　　　　B. Load
   C. Click　　　　　　　　　　　　　　D. Active

4. 如果将 PassWordChar 属性设置为一个字符，如星号（*），运行时，在文本框中输入的字符仍然显示出来，而不显示星号，原因可能是（　　）。
   A. 文本框的 MultiLine 属性值为 True　　　B. 文本框的 Locked 属性值为 True
   C. 文本框的 MultiLine 属性值为 False　　　D. 文本框的 Locked 属性值为 False

5. 设在窗体上有两个命令按钮，其中一个命令按钮的名称为 cmda,则另一命令按钮的名称可能是（　　）。
   A. cmdc　　　　　　　　　　　　　　B. cmdb
   C. cmda　　　　　　　　　　　　　　D. Commandl

6. 以下（　　）不能存入在资源文件里。
   A. 独立的字符串　　　　　　　　　　B. 位图
   C. 声音文件　　　　　　　　　　　　D. 事件过程

7. 下列程序段的执行结果为（　　）。
   ```
   n=0
   For i=l To 3
       For j=5 To l Step-1
   ```

```
        n=n+1
    Next j,i
    Print n;j;I
```

A. 12　　0　　4　　　　　　　　B. 15　　0　　4

C. 12　　3　　1　　　　　　　　D. 15　　3　　1

8. 在窗体上绘制一个文本框，然后编写如下事件过程：

```
Private Sub Form_Click()
    x=InputBox("请输入一个整数")
    Print   x+Text1.Text
End Sub
```

程序运行时，在文本框中输入 456，然后单击窗体，在输入对话框中输入 123，单击"确定"按钮后，在窗体上显示的内容为（　　　　）。

A. 123　　　　　B. 456　　　　　C. 579　　　　　D. 123456

9. 下列各选项中，不是可视化编程方法特点的是（　　　　）。

A. 不必运行程序就能看到所要做的界面

B. 采用面向对象驱动事件的机制

C. 使用工程的概念来建立应用程序

D. 将代码和数据集成到一个独立的对象中去

10. 运行时，当用户向文本框输入新的内容，或在程序代码中对文本框的 Text 属性进行赋值从而改变了文本框的 Text 属性时，将触发文本框的（　　　　）事件。

A. Click　　　　　B. Dbl Click　　　　　C. GotFocus　　　　　D. Change

11. 设有如下关系表：

R			S			T		
A	B	C	A	B	C	A	B	C
1	1	2	3	1	3	1	1	2
2	2	3				2	2	3
						3	1	3

则下列操作中正确的是（　　　　）。

A. T=R∩S　　　　　B. T=R∪S　　　　　C. T=R×S　　　　　D. T=R/S

12. 下列（　　　　）语句可以将变量 A、B 的值互换。

A. A=B：B=A　　　　　　　　　B. A=A+B：B=A-B：A=A-B

C. A=C：C=B：B=A　　　　　　D. A=(A+B)/2：B=(A-B)/2

13. 假定在工程文件中有一个标准模块，其中定义了如下记录类型

Type Books
    Name As String*10
    TelNum As String*20
End Type
要求当执行事件过程 Command1_Click 时，在顺序文件 Person.txt 中写入一条记录。下列能够完成该操作的事件过程是（　　　）。

A.　Private Sub Command1_Click()
    Dim B As Books
    Open "c:\Person.txt" For Output As #1
    B.Name = InputBox("输入姓名")
    B.TelNum = InputBox("输入电话号码")
    Write #1,B.Name,B.TelNum
    Close #1
End Sub

B.　Private Sub Command1_Click()
    Dim B As Books
    Open "c:\Person.txt" For Input As #1
    B.Name = InputBox("输入姓名")
    B.TelNum = InputBox("输入电话号码")
    Print #1,B.Name,B.TelNum
    Close #1
End Sub

C.　Private Sub Command1_Click()
    Dim B As Books
    Open "c:\Person.txt" For Output As # 1
    Name = InputBox("输入姓名")
    TelNum = InputBox("输入电话号码")
    Write # 1,B
    Close # 1
End Sub

D.　Private Sub Commandl_Click()
    Dim B As Book
    Open "c:\Person.txt" For Input As # 1
    Name = InputBox("输入姓名")
    TelNum = InputBox("输入电话号码")
    Print   #1,B.Name, B.TelNum
    Close # 1
End Sub

14. 对如下二叉树

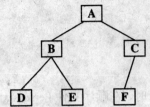

进行后序遍历的结果为（　　　　）。

   A. ABCDEF

   B. DBEAFC

   C. ABDECF

   D. DEBFCA

15. 以下关于 Visual Basic 特点的叙述中，错误的是（　　　　）。

   A. Visual Basic 是采用事件驱动编程机制的语言

   B. Visual Basic 程序既可以编译运行，也可以解释运行

   C. 构成 Visual Basic 程序的多个过程没有固定的执行顺序

   D. Visual Basic 程序不是结构化程序，不具备结构化程序的三种基本结构

16. 若要求从文本框中输入密码时在文本框中只显示*号，则应当在此文本框的属性窗口设置（　　　　）。

   A. Text 属性值为*

   B. Caption 属性值为*

   C. password 属性值为空

   D. Passwordchar 属性值为*

17. 若要使某命令按钮获得控制焦点，可使用的方法是（　　　　）。

   A. LostFocus   B. SetFocus   C. Point   D. Value

18. 有如下语句，执行后该段语句的循环次数是（　　　　）。

```
Dim s,i,j as integer
 For i=1 to 3
      For j=3 to 1 Step -1
           s=i*j
      Next j
 Next i
```

   A. 9   B. 10   C. 3   D. 4

19. 关于 Exit For 的使用说明正确的是（　　　　）。

   A. Exit For 语句可以退出任何类型的循环

   B. 一个循环中只能有一个这样的语句

   C. Exit For 表示返回 For 语句去执行

   D. 一个 For 循环中可以有多条 Exit For 语句

20. 有以下程序：

```
Option Base 1
Dim arr() As Integer
Private Sub Form_Click()
    Dim i As Integer, j As Integer
    ReDim arr(3, 2)
    For i = 1 To 3
        For j = 1 To 2
            arr(i, j) = i * 2 + j
        Next j
    Next i
    ReDim Preserve arr(3, 4)
    For j = 3 To 4
        arr(3, j) = j + 9
    Next j
    Print arr(3, 2); arr(3, 4)
End Sub
```

程序运行后，单击窗体，输出结果为（　　　）。

A. 8　13

B. 0　13

C. 7　12

D. 0　0

21. 以下叙述中错误的是（　　　）。

A. 一个工程中可以包含多个窗体文件

B. 在一个窗体文件中用 Public 定义的通用过程不能被其他窗体调用

C. 窗体和标准模块需要分别保存为不同类型的磁盘文件

D. 用 Dim 定义的窗体层变量只能在该窗体中使用

22. 已知一棵二叉树前序遍历和中序遍历分别为 ABDEGCFH 和 DBGEACHF，则该二叉树的后序遍历为（　　　）。

A. GEDHFBCA

B. DGEBHFCA

C. ABCDEFGH

D. ACBFEDHG

23. 设有语句

Open "c:\Test.Dat" For Output　As #1"

则以下叙述错误的是（　　　）。

A. 该语句打开 C 盘根目录下一个已存在的文件 Test.Dat

B. 该语句在 C 盘根目录下建立一个名为 Test.Dat 的文件

C. 该语句建立的文件的文件号为 1

D. 执行该语句后，就可以通过 Print#语句向文件 Test.Dat 中写入信息

24. 下列对文件分类的划分正确的是（　　　）。

A. 文件分为程序文件和数据文件

B. 文件分为有结构文件和无结构文件

C. 文件分为流式文件和记录文件

D. 文件分为顺序文件和随机文件

25. 一个工程中包含两个名称分别为 Forml、Form2 的窗体，一个名称为 md1Func 的标准模块。假定在 Forml、Form2 和 md1Func 中分别建立了自定义过程，其定义格式为：

Forml 中定义的过程：

```
Private Sub frmFunctionl()

End Sub
```

Form2 中定义的过程：

```
Public Sub frmFunction2()

End Sub
```

md1Func 中定义的过程：

```
Public Sub md1Function()

End Sub
```

在调用上述过程的程序中，如果不指明窗体或模块的名称，则以下叙述中正确的是（   ）。

A. 上述三个过程都可以在工程中的任何窗体或模块中被调用

B. frmFunction2 和 md1Function 过程能够在工程中各个窗体或模块中被调用

C. 上述三个过程都只能在各自被定义的模块中调用

D. 只有 md1Function 过程能够被工程中各个窗体或模块调用

26. 下面程序执行时，输出的结果是（   ）。

```
Private Sub Form_ Click ( )
    Dim i As Integer,j As Integer
    i=10
    Do
        i=i+j
        for j=10 to i step-3
            i=i+j
        next j
    Loop While i < 50
    Print i:j
End Sub
```

A. 50 10   B. 50 9   C. 57 10   D. 59 9

— 84 —

27. 有如下函数过程：

```
Function gys(ByVal x As Integer,ByVal y As Integer)As Integer
        Do While y<>0
            reminder=x Mod y
            x=y
            y=reminder
        Loop
        gys=x
End Function
```

以下是调用函数的事件过程，该程序的运行结果是（　　　）。

```
Private Sub Command7_Click( )
            Dim a As Integer
            Dim b As Integer
            a=100
            b=25
            x=gys(a,B.
            Print x
End Sub
```

A. 0   B. 25   C. 50   D. 100

28. 下列程序的运行结果是（　　　）。

```
Private Sub Form_Click( )
            Dim k As Integer
            n=5
            m=1
            k=1
            Do
                m=m+2
                k=k+1
            Loop Until k>n
            Print m
End Sub
```

A. 1   B. 12   C. 11   D. 32

29. 下列语句正确的是（　　　）。
    A. If A≠B Then Print″A 不等于 B″
    B. If A<>B Then Printf″A 不等于 B″
    C. If A<>B Then Print″A 不等于 B″
    D. If A≠B Print″A 不等于 B″.

— 85 —

30. 若整型变量 a 的值为 2、b 的值为 3，则下面程序段执行后整型变量 c 的值为（　　　　）。

```
If a>5 Then
    If b<4 Then c=a-b Else c=b-a
Else
    If b>3 Then c=a*b Else c=a Mod b
End If
```

    A．2　　　　　　　　B．-1　　　　　　　　C．1　　　　　　　　D．6

31. 保存新建的工程时，默认的路径是（　　　　）。

    A．My Documents　　　　　　　　　　B．Visual Basic 98
    C．\　　　　　　　　　　　　　　　　D．Windows

32. 在列表框中当前被选中的列表项的序号是由下列（　　　　）属性表示的。

    A．List　　　　　　B．Index　　　　　　C．ListIndex　　　　D．False

33. 以下叙述中错误的是（　　　　）。

    A．在 KeyPress 事件过程中不能识别键盘的按下与释放
    B．在 KeyPress 事件过程中不能识别回车键
    C．KeyDown 和 KeyUp 事件过程中，将键盘输入的"A"和"a"视作相同的字母
    D．KeyDown 和 KeyUp 事件过程中，从大键盘上输入的"1"和从右侧小键盘上输入的"1"被视作不同的字符

34. 求一个三位正整数 N 的十位数的正确方法是（　　　　）。

    A．Int(N/10) -Int(N/100) * 10　　　　B．Int(N/10) -Int(N/100)
    C．N -Int(N/100) *100　　　　　　　　D．Int(N -Int(N/100) * 100)

35. 有如下程序，输出结果为（　　　　）。

```
Private Sub Form_Activate( )
Dim a
a = Array(1,2,3,4,5)
For i = LBound(a) To UBound(a)
a(i) = i * a(i)
Next i
Print i, LBound(a),UBound(a),a(i)
End Sub
```

    A．4　0　4　25　　　　　　　　　B．5　0　4　25
    C．不确定　　　　　　　　　　　　D．程序出错

二、填空题

请将答案分别写在答题卡中序号为【1】至【15】的横线上，答在试卷上不得分。

1. 程序模块文件是一个【1】文件，它不属于任何窗体。

2. 耦合和内聚是评价模块独立性的两个主要标准，其中【2】反映了模块内各成分之间的联系。

3. VB 有两种类型的数组：固定大小的【3】和在运行时可以改变的动态数组。

4. 组合框是组合了文本框和列表框的特性而组成的一种控件。【4】风格的组合框不允许用户输入列表框中没有的项。

5. 问题处理方案的正确而完整的描述称为【5】。

6. 冒泡排序算法在最好的情况下的元素交换次数为【6】。

7. 关系式 X≤-5 或 X≥5 所对应的布尔表达式是【7】。

8. 使用代码从 VB6.0 列表框删除所有项目，使用的方法是【8】。

9. 假定有一个名为 pic2.gif 的图形文件，要在运行期间把该文件装入一个图片框(Picture1)，应执行的语句是【9】。

10. 在窗体上画一个命令按钮和一个文本框，然后编写命令按钮的 Click 事件过程。程序运行后，在文本框中输入一串英文字母（不区分大小写），单击命令按钮，程序可找出未在文本框中输入的其他所有英文字母，并以大写方式降序显示到 Text1 中。例如，若在 Text1 中输入的是 abDfdb，则单击 Command1 按钮后 Text1 中显示的字符串是 ZYXWVUTSRQPONMLKJIHGEC。请填空。

```
Private Sub Command1_Click()
    Dim str As String,s As String,c As String
    str = UCase(Text1)
    s = ""
    c = "Z"
    While c >= "A"
        If InStr(str,c) = 0 Then
            s =  【10】
        End If
        c = Chr$(Asc(c) -1 )
    Wend
```

```
        If s<>"" Then
            Textl = s
        End If
    End Sub
```

11. 下列程序的执行结果是【11】。

```
m1=1
m2=1
Do While m2<>6
        m1=m1*m2
        m2=m2+1
Loop
Print m1
```

12. 要想在文本框中显示垂直滚动条，必须把【12】属性设置为 2，同时还应把 Multiline 属性设置为 True。

13. 下面程序运行的结果为

```
1
11  12
21  22  23
31  32  33  34
```

请在画线处填上适当的内容使程序完整。

```
Private Sub Form_Click( )
Call 【13】
End Sub
Private Sub P16( )
End Sub
Private Sub p16( )
For I=1 to 4
For j= 1 to I
a= 【14】
Print Tab((j-1) *5+1);a;
Next j
Print
Next I
End Sub
```

14. 在 Windows95/98 下，使用 Visual Basic6.0 至少需要【15】的内存。

第 10 套

一、选择题

下列各题 A、B、C、D 四个选项中，只有一个选项是正确的，请将正确选项涂写在答题卡相应位置上，答在试卷上不得分。

1. 打开 Visual Basic 集成环境后，显示的工具栏是（　　）。
   A. 编辑工具栏
   B. 标准工具栏
   C. 调试工具栏
   D. 窗体工具栏

2. 以下关于 MsgBox 的叙述中，错误的是（　　）。
   A. MsgBox 函数返回一个整数
   B. 通过 MsgBox 函数可以设置信息框中的图标和按钮的类型
   C. MsgBox 语句没有返回值
   D. MsgBox 函数的第二个参数是一个整数，该参数只能确定对话框中显示的按钮数量

3. 以下常数中，（　　）占用存储空间最多。
   A. 10
   B. -9.43E6
   C. -9.34D5
   D. 898989

4. 如果在程序中要将 c 定义为静态变量，且为整型数，则应使用的语句是（　　）。
   A. Redim a As Integer
   B. Static a AS Integer
   C. Public a As Integer
   D. Dim a As Integer

5. 下列关于栈的描述中错误的是（　　）。
   A. 栈是先进后出的线性表
   B. 栈只能顺序存储
   C. 栈具有记忆作用
   D. 对栈的插入与删除操作中，不需要改变栈底指针

6. 用树形结构表示实体之间联系的模型是（　　）。
   A. 关系模型
   B. 网状模型
   C. 层次模型
   D. 以上三个都是

7. 为了使命令按钮（名称为 Command1）右移 200，应使用的语句是（　　）。
   A. Command1.Move-200
   B. Command1.Move 200
   C. Command1.Left=Command1.Left+200
   D. Command1.Left=Command1.Left - 200

8. 设置标签边框的属性是（　　）。

A. BorderStyle
B. BackStyle
C. AutoSize
D. Alignment

9. 在软件设计中，不属于过程设计工具的是（　　　）。
   A. PDL（过程设计语言）
   B. PAD 图
   C. N-S 图
   D. DFD 图

10. 数据库系统的核心是（　　　）。
    A. 数据模型
    B. 数据库管理系统
    C. 数据库
    D. 数据库管理员

11. 新建一工程，将其窗体的 Name 属性设置 My First，则默认的窗体文件名为（　　　）。
    A. Forml.frm
    B. 工程 1.frm
    C. MyFirst.frm
    D. Forml.vbp

12. 以下关于函数过程的叙述中，正确的是（　　　）。
    A. 如果不指明函数过程参数的类型，则该参数没有数据类型
    B. 函数过程的返回值可以有多个
    C. 当数组作为函数过程的参数时，既能以传值方式传递，也能以引用方式传递
    D. 函数过程形参的类型与函数返回值的类型没有关系

13. 窗体上有一个列表框和一个文本框，编写如下两个事件过程：
    Private Sub Form_Load( )
    List1.AddItem ″ Beijing″
    List1.AddItem ″ Tianjin″
    List1.AddItem ″ Shanghai″
    Text1.Text=″ ″
    End Sub
    Private Sub List1_Db1 Click( )
    x=List1.Text
    Print x + Text1.Text
    End Sub
    程序运行后，在文本框中输入″China″，然后双击列表框中的″Shanghai″，则输出结果为（　　　）。
    A. China Beijing
    B. China Tianjin
    C. China Shanghai
    D. Shanghai China

14. 在窗体（Name 属性为 Form1）上面添加两个文本框（其 Name 属性分别为 Text1 和 Text2）
    和一个命令按钮（Name 属性为 Command1），然后编写如下两个事件过程：
    Private Sub Command1_Click( )

```
a=Text1.Text+Text2.Text
Print a
End Sub
Private Sub Form_Load( )
Text1.Text=""
Text2.Text=""
End Sub
```
程序运行后，在第 1 个文本框(Text1)和第 2 个文本框(Text2)中分别输入 123 和 321，然后单击命令按钮，则输出结果为（   ）。

    A．444   B．321123   C．123321   D．132231

15．决定一个窗体有无控制菜单的属性是（   ）。
    A．MinButton   B．Caption
    C．MaxButton   D．ControlBox

16．要获取当前驱动器，应使用驱动器列表框的（   ）属性。
    A．Path   B．Drive   C．Dir   D．Pattern

17．下列叙述中正确的是（   ）。
    A．一个算法的空间复杂度大，则其时间复杂度也必定大
    B．一个算法的空间复杂度大，则其时间复杂度必定小
    C．一个算法的时间复杂度大，则其空间复杂度必定小
    D．上述三种说法都不对

18．设有如下的用户定义类型：
```
Type Student
      number As String
      name As String
      age As Integer
End Type
```
则以下正确引用该类型成员的代码是（   ）。

    A．Student.name = "李明"   B．Dim s As Student
                                      s.name = "李明"

    C．Dim s As Type Student   D．Dim s As Type
    s.name = "李明"   s.name = "李明"

19．在列表框中，当前被选中的列表项的序号由下列（   ）属性表示。
    A．List   B．Index   C．ListIndex   D．TabIndex

20．如果要向工具箱加入控件和部件，可以利用"工程"菜单中的（   ）命令。

A. 引用　　　　　B. 部件　　　　　C. 工程属性　　　　D. 添加窗体

21. 代数式 e^xSin(30°)2x/(x+y)Inx 对应的 Visual Basic 表达式是（　　　）。

A. E^*Sin(30*3.14/180) *2*X/X+Y*Log(X)

B. Exp(X)*Sin(30)*2*X/(X+Y) *Ln(X)

C. Exp(X) *Sin(30*3.14/180) *2*X/(X+Y) *Log(X)

D. Exp(X) *Sin(30*3.14/180)*2*X/(X+Y) *Ln(X)

22. 假定有以下函数过程：

```
Function Fun(S As String) As String
    Dim s1 As String
    For i = 1 To Len(S)
        s1 = UCase(Mid(S, i, 1)) + s1
    Next i
    Fun = s1
End Function
```

在窗体上画一个命令按钮，然后编写如下事件过程：

```
Private Sub Command1_Click()
    Dim Str1 As String, Str2 As String
    Str1 = InputBox("请输入一个字符串")
    Str2 = Fun(Str1)
    Print Str2
End Sub
```

程序运行后，单击命令按钮，如果在输入对话框中输入字符串"abcdefg"，则单击"确定"按钮后在窗体上的输出结果为（　　　）。

A. abcdefg　　　B. ABCDEFG　　　C. gfedcba　　　D. GFEDCBA

23. 使用（　　　）方法不能让控件获得焦点。

A. 通过 Tab 切换　　　　　　　　B. 单击该控件

C. 使用 SetFocus 方法　　　　　　D. 使用键盘上的方向键

24. 在 VB 中，过程共有三种，它们是（　　　）。

A. 事件过程，子过程和函数过程　　　B. Sub 过程，函数过程和属性过程

C. 事件过程，函数过程和通用过程　　D. Sub 过程，函数过程和通用过程

25. 设组合框 Combo1 中有 3 个项目，则以下能删除最后一项的语句是（　　　）。

A. Combo1.RemoveItem Text　　　　B. Combo1.RemoveItem 2

C. Combo1.RemoveItem 3　　　　　 D. Combo1.RemoveItem Combo1.ListCount

26. 关于 Image 控件和 PictureBox 控件的说明，其中错误的是（　　　）。

A．Image 控件和 PictureBox 控件都有 Picture 属性

B．Image 控件和 PictureBox 控件都支持 Print 方法

C．Image 控件和 PictureBox 控件都可以用 LoadPicture 函数把图形文件装入控件中

D．Image 控件和 PictureBox 控件都能在属性窗口装入图形文件，也都能在运行期间装入图形文件

27. 文本框的 ScrollBars 属性设置为非零值，却没有效果，原因是（　　　　）。

A．文本框中没有内容　　　　　　　　B．文本框的 MultiLine 属性值为 False

C．文本框的 MultiLine 属性值为 Ture　　D．文本框的 Locked 属性值为 Ture

28. 表达式 Str(Len(″123″))+Str(77.7)的值为（　　　　）。

A．377.7　　　　　B．3 77.7　　　　　C．80.7　　　　　D．12377.7

29. 单击一次命令按钮，下列程序代码的执行结果为（　　　　）。

```
Private Sub Command1_Click()
    Dim a As Integer, b As integer ,c As Integer
    a=2:b=3:c=4
    Print P2(c,b,a)
End Sub
Private Function P1(x As Integer,y As Integer, z As integer)
    P1=2*x+y+3*z
End Function
Private Function P2(x As Integer,y As Integer,z As Integer)
    P2=P1(z,x,y)+x
End Function
```

A．21　　　　　　B．19　　　　　　C．17　　　　　　D．34

30. 在窗体上画四个文本框（如下图所示），并用这四个文本框建立一个控件数组，名称为 Text1（下标从 0 开始，自左至右顺序增大），然后编写如下事件过程

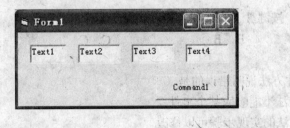

```
Private Sub Command1_Click()
    For Each TextBox in Text1
        Text1(i) = Text1(i).Index
        i = i + 1
```

Next
End Sub
程序运行后，单击命令按钮，四个文本框中显示的内容分别为（ 　　）。

A. 0　1　2　3　　　　　　　　　　B. 1　2　3　4

C. 0　1　3　2　　　　　　　　　　D. 出错信息

31. 假定有如下的窗体事件过程：

Private Sub Form_Click()

    a$="Microsoft Visual Basic"

    b$=Right(a$, 5)

    c$=Mid(a$, 1, 9)

    MsgBox a$, 34, b$, c$, 5

End Sub

程序运行后，单击窗体，则在弹出的信息框的标题栏中显示的信息是（ 　　）。

A. Microsoft Visual　　　　　　　B. Microsoft

C. Basic　　　　　　　　　　　　D. 5

32. 以下关于窗体的描述中，错误的是（ 　　）。

  A. 执行 Unload Form1 语句后，窗体 Form1 消失，但仍在内存中

  B. 窗体的 Load 事件在加载窗体时发生

  C. 当窗体的 Enabled 属性为 False 时，通过鼠标和键盘对窗体的操作都被禁止

  D. 窗体的 Height、Width 属性用于设置窗体的高和宽

33. 把窗体的 KeyPreview 属性设置为 True，然后编写如下事件过程：

Private Sub Form_KeyPress(KeyAscii As Integer)

    Dim ch As String

    ch=Chr(KeyAscii)

    KeyAscii=Asc(UCase(ch))

    Print Chr(KeyAscii+2)

End Sub

程序运行后，按键盘上的 A 键，则在窗体上显示的内容是（ 　　）。

A. A　　　　　B. B　　　　　C. C　　　　　D. D

34. 下列关于事件方法说明错误的是（ 　　）。

  A. 事件的方法不能响应某个事件

  B. 事件的方法的实现步骤可以修改

  C. 事件的方法是预先规定好的

  D. 用户可以直接调用 Visual Basic 所规定的方法

35. 下面程序的运行结果是（ 　　）。

```
Option   Base 1
Private Sub Commandl _ Click( )
Dim x,y(3,3)
x = Array(1,2,3,4,5,6,7,8,9)
For i = 1 To 3
For j = 1 To 3
y(i,j) = (i * j)
If (j  >  = i) Then Print y(i,j);
Next j
Print
Next i
End Sub
```

A. 1 2 3
   2 4 6
   4 6 8

B. 1 2 3
   2 4 6
   3 6 9

C. 1
   2 4
   3 6 9

D. 1 2 3
      4 6
         9

二、填空题

请将答案分别写在答题卡中序号为【1】至【15】的横线上，答在试卷上不得分。

1. 要想改变一个窗体的标题内容，则应设置【1】属性的值。

2. 一个工程可以包括多种类型的文件，其中，扩展名为.vbp 的文件表示【2】文件；包含 ActiveX 控件的文件扩展名为【3】。

3. 表达式 x1-lal+ln10+sin(x2+2π)/cos(57°)对应的 Visual Basic 表达式是【4】。

4. 在关系数据库中，把数据表示成二维表，每一个二维表称为【5】。

5. 以下语句的输出结果是【6】。
   Print Int(12345.6789*100+0.5)/100

6. 改变驱动器列表框的 Drive 属性值将引发【7】事件。

7. 设 A=27，则 Hex(A)=【8】，Oct(A)【9】。

8. 在面向对象的程序设计中，用来请求对象执行某一处理或回答某些信息的要求称为【10】。

9. 每个 VB 对象都有其特定的属性，可以通过【11】来设置，对象的外观和对应的操作由所设置的值来确定。

10. 以下程序段在窗体上输出【12】，在图片框中输出 name，在立即窗口中输出【13】。

```
A=" your"
B=" aname"
C=" iscr"
Print Right(A,3)
Picture1.Print Mid(B,2,4)
Debug.Print Left(C,2)
```

11. 设 A=" 12345678"，则表达式 Val(Left(A,4)+Mid(A,4,2))的值为【14】。

12. 在窗体上画 1 个命令按钮和 1 个通用对话框，其名称分别为 Command1 和 CommonDialog1，然后编写如下事件过程：

```
Private Sub Command1_Click()
CommonDialog1.【15】 = "打开文件"
    CommonDialog1.Filter = "All Files（*.*）|*.*"
    CommonDialog1.InitDir = "C:\"
    CommonDialog1.ShowOpen
End Sub
```

该程序的功能是，程序运行后，单击命令按钮，将显示"打开"文件对话框，其标题是"打开文件"，在"文件类型"栏内显示"All Files（*.*）"，并显示 C 盘根目录下的所有文件，请填空。

第 11 套

一、选择题

下列各题 A、B、C、D 四个选项中，只有一个选项是正确的，请将正确选项涂写在答题卡相应位置上，答在试卷上不得分。

1. 无论何种控件，都具有一个共同属性。这个属性是（　　　）。
   A. Text   B. Font   C. Name   D. Caption

2. 表达式 5Mod 3+3\5*2 的值是（　　　）。
   A. 0   B. 2   C. 4   D. 6

3. 能够获得一个文本框中被选取文本的内容的属性是（　　　）。
   A. Text   B. Length
   C. SelText   D. SelStart

4. 表达式 Mid（″SHANGHAI″，6，3）的值是（　　　）。
   A. SHANGH   B. SHA
   C. ANGH   D. HAI

5. 数据独立性是数据库技术的重要特点之一。所谓数据独立性是指（　　　）。
   A. 数据与程序独立存放
   B. 不同的数据被存放在不同的文件中
   C. 不同的数据只能被对应的应用程序所使用
   D. 以上三种说法都不对

6. 决定控件上文字的字体、字形、字号、效果的属性是（　　　）。
   A. Text   B. Caption   C. Name   D. Font

7. 与键盘操作有关的事件有 KeyPress、KeyUp 和 KeyDown 事件，当用户按下并且释放一个键后，这三个事件发生的顺序是（　　　）。
   A. KeyDown、KeyPress、KeyUp   B. KeyDown、KeyUp、KeyPress
   C. KeyPress、KeyDown、KeyUp   D. 没有规律

8. 下列描述中正确的是（　　　）。
   A. 软件工程只是解决软件项目的管理问题
   B. 软件工程主要解决软件产品的生产率问题

C. 软件工程的主要思想是强调在软件开发过程中需要应用工程化原则

D. 软件工程只是解决软件开发中的技术问题

9. 下列程序段错误的是（   ）。

A. Dim a As Integer
　　a = array(1,2,3,4)

B. Dim a( ),b( )
　　a = array(1,2,3,4):b=a

C. Dim a As Variant
　　a = array(1,″asd″,true)

D. Dim a( ) As Variant
　　a = array(1,2,3,4)

10. 下列不属于 Visual Basic 特点的是（   ）。

A. 对象的链接与嵌入

B. 结构化程序设计

C. 编写跨平台应用程序

D. 事件驱动程序编程机制

11. 在代码编辑器中，如果一条语句太长，无法在一行内写下（不包括注释），要折行书写，可以在行末使用续行字符（   ），表示下一行是当前行的继续。

A. 一个空格加一划字符（_）

B. 一个划字符（_）

C. 直接回车

D. 一个空格加一个连字符(-)

12. 下列关于图片框的语句中错误的是（   ）。

A. Picture1.Picture=Picture2.Picture

B. Picture1.Picture=LoadPicture(″C:\vb60\Arw04Up.ico″)

C. Picture1.Print Tab(20); CurrentX, CurrentY

D. Picture1.Stretch=True

13. 设 a = 4，b = 3，c = 2，d = 1，下列表达式的值是（   ）。

a > b + 1 Or c < d And b Mod c

A. True

B. 1

C. -1

D. 0

14. 保存新建的工程时，默认的路径是（   ）。

A. My　　　Documents

B. VB98

C. 6\

D. Windows

15. 以下关于文件的叙述中，错误的是（   ）。

A. 使用 Append 方式打开文件时，文件指针被定位于文件尾

B. 当以输入方式（Input）打开文件时，如果文件不存在，则建立一个新文件

C. 顺序文件各记录的长度可以不同

D. 随机文件打开后，既可以进行读操作，也可以进行写操作

16. 在长度为 64 的有序线性表中进行顺序查找，最坏情况下需要比较的次数为（   ）。

A. 63

B. 64

C. 6   D. 7

17. 以下说法不正确的是（   ）。
   A. 使用 ReDim 语句可以改变数组的维数
   B. 使用 ReDim 语句可以改变数组的类型
   C. 使用 ReDim 语句可以改变数组每一维的大小
   D. 使用 ReDim 语句可以对数组的所有元素进行初始化

18. 在窗体上画一个命令按钮，名称为 Command1，然后编写如下代码：
```
Option Base 0
Private Sub Command1_Click()
    Dim A(4) As Integer,B(4) As Integer
    For k = 0 To 2
        A(k + 1) = InputBox("请输入一个整数")
        B(3 - k) = A(k + 1)
    Next k
    Print B(k)
End Sub
```
程序运行后，单击命令按钮，在输入对话框中分别输入 2、4、6，输出结果为（   ）。
   A. 0   B. 2   C. 3   D. 4

19. 语句 Print ″Sgn(-26)=″；Sgn(-26)的输出结果为（   ）。
   A. Sgn(-26)=26   B. Sgn(-26)=-26
   C. Sgn(-26)=+1   D. Sgn(-26)= -1

20. 使两种完全不同的应用程序进行通信的技术称为（   ）技术。
   A. 动态数据交换   B. 动态链接库
   C. 对象链接   D. 对象嵌入

21. 有如下事件过程：
```
Private Sub Commandl_Click()
    b=10
    Do Until b=-1
        a=InputBox("请输入 a 的值")
        a=Val(a)
        b=InputBox("请输入 b 的值")
        b=Val(b)
        a=a*b
    Loop
    Print a
```

End Sub

程序运行后，依次输入数值 30，20，10，-1，输出结果为（　　　　）。

  A．6000   B．-10   C．200   D．-6000

22. 若要将窗体 Form1 的标题栏文本改为"欢迎使用本软件！"，下列语句正确的是（　　　　）。

  A．Form1.NAME=″欢迎使用本软件！″

  B．Form1 Caption=″欢迎使用本软件！″

  C．Set Form1.Caption=″欢迎使用本软件！″

  D．Form1.Caption=″欢迎使用本软件！″

23. 如果 A 为整数且|A|>100。则打印"OK"，否则打印"Error"，表示这个条件的单行格式 If 语句是（　　　　）。

  A．If Int(A)=A And Sqr(A)>100 Then Print″OK″Else Print″Error″

  B．If Fix(A)=A And Abs(A)>100 Then Print″OK″Else Print″Error″

  C．If Int(A)=A And(A>=100,A<=-100) Then Print″OK″Else Print″Error″

  D．If Fix(A)=A And A>=100 And A<=-100 Then Print″OK″Else Print″Error″.

24. 设有如下的记录类型：

Type Student

Number As String

Name As String

Age As Integer

End Sub

则能正确引用该记录类型变量的代码是（　　　　）。

  A．Student.name=″　″   B．Dim s As Student s.name=″张红″

  C．Dim s As Type Student s.name =″张红″   D．Dim s As Type s.name=″张红″

25. 设有如下通用过程：

```
Public Sub Fun(a(), ByVal x As Integer)
        For i = 1 To 5
            x = x + a(i)
        Next
End Sub
```

在窗体上画一个名称为 Text1 的文本框和一个名称为 Command1 的命令按钮，然后编写如下的事件过程：

```
Private Sub Command1_Click()
        Dim arr(5) As Variant
        For i = 1 To 5
            arr(i) = i
        Next
```

```
        n = 10
        Call Fun(arr(), n)
        Text1.Text = n
    End Sub
```
程序运行后，单击命令按钮，则在文本框中显示的内容是（   ）。
    A. 10   B. 15   C. 25   D. 24

26. 以下有关数组定义的语句序列中，错误的是（   ）。

    A. Static arr1(3)   B. Dim arr2()As Integer
        arr1(1)=100   Dim size As Integer
        arr1(2)="Hello"   Private Sub Command2_Click()
        arr1(3)=123.45   size=InputBox("输入：")
                                              ReDim arr2(size)

                                          End Sub

    C. Option Base 1   D. Dim n As Integer
        Private Sub Command3_Click()   Private Sub Command4_Click()
        Dim arr3(3)As Integer   Dim arr4(n)As Integer

        End Sub   End Sub

27. 使用 Public Const 语句声明一个全局的符号常量时，该语句应放在（   ）。
    A. 过程中   B. 窗体模块的通用声明段
    C. 标准模块的通用声明段   D. 窗体模块或标准模块的通用声明段

28. 下面程序的运行结果是（   ）。
```
Private Sub Command1_Click()
    a=1.5
    b=1.5
    Call fun(a,b)
    Print a,b
End Sub
Private Sub fun(x,y)
    x=y*y
    y=y+x
End Sub
```
    A. 2.25   1.5   B. 1.5   2.25   C. 2.25   3.75   D. 0.75   1.5

29. 下列能正确输出 2,345.67 的语句是（   ）。
    A. Print Format$(2345.668，″00000.00″)

— 101 —

B．Print Format$(2345.668, ″#,###.##″)

C．Print Format$(2345.668, ″0,0000.00″)

D．Print Format$(2345.668, ″,#####.##″)

30．编写如下事件过程：

Private Sub Form_Activate( )

Dim score(1 to 3)As Integer

Dim i As Integer

Dim t As Variant

For i =3 To 1 Step –1

score(i)=2*i

Next i

For Each t In score

Print t,

Next

End Sub

程序运行后窗体上显示的值是（　　　）。

A．6 4 2　　　　　　B．2 4 6　　　　　　C．2　　　　　　D．6

31．在窗体上画一个命令按钮和一个文本框，其名称分别为 Command1 和 Text1，把文本框的
Text 属性设置为空白，然后编写如下事件过程：

Private Sub Command1_click()

  a=InputBox("Enter an integer")

  b=InputBox("Enter an integer")

  Text1.Text=b+a

End Sub

程序运行后，单击命令按钮，如果在输入对话框中分别输入 8 和 10，则文本框中显示内
容是（　　　）。

A．108　　　　　　B．18　　　　　　C．810　　　　　　D．出错

32．要从自定义对话框 Form2 中退出，可以在该对话框的"退出"按钮 Click 事件过程中使
用（　　　）语句。

A．Form2. Unload　　　　　　　　　　B．Unload. Form2

C．Hide. Form2　　　　　　　　　　　D．Form2. Hide

33．在窗体上画两个单选按钮，名称分别为 Option1，Option2，标题分别为"宋体"和"黑
体"；一个复选框，名称为 Check1，标题为"粗体"；一个文本框，名称为 Text1，Text
属性为"改变文字字体"。要求程序运行时，"宋体"单选按钮和"粗体"复选框被选中，
则能够实现上述要求的语句序列是（　　　）。

A．Option1.Value=True　　　　　　　　B．Oprion1.Value=True

Check1.Value=False   Check1.Value=True

  C. Option2.Value=False   D. Option1.Value=True

Check1.Value=True   Check1.Value=1

34. 下述程序的运行结果是（　　　　）。

```
j=0
Do While j<30
    j=(j+1)*(j+2)
    k=k+1
Loop
Print k;j
```

  A. 0 1   B. 3 182   C. 30 30   D. 4 30

35. 在窗体上画 1 个命令按钮（名称为 Command1）和 1 个文本框（名称为 Text1），然后编写如下事件过程：

```
Private Sub Command1_Click()
        x = Val(Text1.Text)
        Select Case x
            Case 1, 3
                y = x * x
            Case Is >= 10, Is <= -10
                y = x
            Case -10 To 10
                y = -x
        End Select
End Sub
```

程序运行后，在文本框中输入 3，然后单击命令按钮，则以下叙述中正确的是（　　　　）。

  A. 执行 y = x * x   B. 执行 y = -x

  C. 先执行 y = x * x，再执行 y = -x   D. 程序出错

二、填空题

请将答案分别写在答题卡中序号为【1】至【15】的横线上，答在试卷上不得分。

1. 工具栏的复制、剪切、粘贴按钮所对应的菜单命令放置于主菜单项【1】的下拉菜单中。

2. 某二叉树中度为 2 的结点有 18 个，则该二叉树中有【2】个叶子结点。

3. 诊断和改正程序中错误的工作通常称为【3】。

4. 下列程序段的输出结果为【4】。

```
    Dim y As Integer
    Private Sub Commandl_Click( )
     Dim x As Integer
     x=2
     Text1.Text=SecondFunc(FirstFunc(x),y)
     Text2.Text=FirstFunc(x)
    End Sub
    Private Function FirstFunc(x As Integer)As Integer
      x=x+y:y=x+y
      FirstFunc=x+y
    End Function
    Private Function SecondFunc(x As Integer,y As Integer)As Integer
      SecondFunc=2*x+y
    End Function
```

5. 下列程序为求 Sn=a+aa+aaa+……+aa…a(n 个 a)，其中 a 为一个随机数产生的 1~9（包括 1、9）中的一个正整数，n 是一个随机数产生的 5~10（包括 5、10）中的一个正整数，请在空格处填入适当的内容，将程序补充完整。

```
Private Sub Form_Click( )
Dim a As Integer, n As Integer, S As Double, Sn As Double
a = Fix(9 * Rnd) + 1
n = Fix(6 * Rnd) + 5
Sn = 0
S = 0
For i = 1 To 【5】
S = S + a *10 ^ (i – 1)
【6】
Print Sn
Next i
End Sub
```

6. 在 Select case 结构中应至少包含一个【7】子句。

7. 表达式（2+8*3）/2 的值是【8】。

8. 程序运行后,利用冒泡法对数组 a 中的数据按从小到大排序。请在空白处填上适当的内容,将程序补充完整。

```
Private Sub Form_load( )
Dim a(1 To 5)As Integer, n=5
a(1)=20:a(2)=25:a(3)=10:a(4)=40:a(5)=15
```

【9】
For z=1 To n − m
If a(z)>a(z+1)Then
t=a(z)
a(z)=a(z+1)
a(z+1)=t
End If
Next z
Next m
End Sub

9. 假定当前日期为 2002 年 12 月 16 日，星期一，则执行以下语句后，输出结果是 16、12、2002、【10】 。
Print Day(Now) <CR>
Print Month(Now) <CR>
Print Year(Now) <CR>
Print Weekday(Now) <CR>

10. 下列过程的功能是：在对多个文本框进行输入时，对第一个文本框（text1）输入完毕后用回车键使焦点跳到第二个文本框（text2），而不是用 TAB 键来切换。请填空。
Private Sub 【11】 KeyDown(KeyCode As Integer,Shift As Integer)
If KeyCode 【12】 vbKeyReturn Then
  Text2.SetFocus
End If
End Sub

11. 下列程序的执行结果是【13】。
Private Function P(N As Integer)
For i=1 To N
    SUM=SUM+i
Next i
P=SUM
End Function

Privte Sub Commandl_Click( )
S=P(1)+P(2)+P(3)+P(4)
Print S;
End Sub

12. 下列程序的作用是将三个数按从大到小进行排序，请填空。

```
If a<b Then
    d=a
    a=b
    b=d
  End If
  If a<c Then
      d=a
      a=c
      c=d
  End If
  If 【14】 Then
      d=b
      b=c
      c=d
  End If
  Print a,b,c
```

13. 要将 Form2 作为无模式对话框打开，且随窗体 Form3 最小化而最小化，随 Form3 关闭而关闭，相应的 Show 语句为【15】。

第 12 套

一、选择题

下列各题 A、B、C、D 四个选项中，只有一个选项是正确的，请将正确选项涂写在答题卡相应位置上，答在试卷上不得分。

1. 当一个复选框被选中时，它的 Value 属性的值是（　　）。
   A. 3　　　　　　　　B. 2　　　　　　　　C. 1　　　　　　　　D. 0

2. 使用 CommonDialog 控件的（　　）方法可显示"打印"对话框。
   A. ShowOpen　　　　　　　　　　B. ShowSave
   C. ShowColor　　　　　　　　　　D. ShowPrinter

3. 建立一个新的标准模块，应该选择（　　）的"添加模块"命令。
   A. "工程"菜单　　　　　　　　　　B. "文件"菜单
   C. "工具"菜单　　　　　　　　　　D. "编辑"菜单

4. 为了使模块尽可能独立，要求（　　）。
   A. 模块的内聚程序要尽量高，且各模块间的耦合程度要尽量强
   B. 模块的内聚程度要尽量高，且各模块间的耦合程度要尽量弱
   C. 模块的内聚程度要尽量低，且各模块间的耦合程度要尽量弱
   D. 模块的内聚程度要尽量低，且各模块间的耦合程度要尽量强

5. 模拟方形骰子投掷的表达式是（　　）。
   A. Int(6*Rnd(l))　　　　　　　　B. Int(1+6*Rud(1))
   C. Int(6*Rnd(1)-1)　　　　　　　D. Int(7*Rnd(1)-1)

6. 如果逻辑与（And）运算的结果为"真"，与它所连接的两个条件必须是（　　）。
   A. 前一个为"真"，后一个为"假"　　　B. 前一个为"假"，后一个也为"假"
   C. 前一个为真，后一个也为真　　　　D. 前一个为假，后一个为真

7. 下列关于栈的描述正确的是（　　）。
   A. 在栈中只能插入元素而不能删除元素
   B. 在栈中只能删除元素而不能插入元素
   C. 栈是特殊的线性表，只能在一端插入或删除元素
   D. 栈是特殊的线性表，只能在一端插入元素，而在另一端删除元素

8. 数据库设计的根本目标是要解决（　　　　）。
   A. 数据共享问题
   B. 数据安全问题
   C. 大量数据存储问题
   D. 简化数据维护

9. VB6.0 集成开发环境可以（　　　　）。
   A. 编辑、调试、运行程序，但不能生成可执行程序
   B. 编辑、生成可执行程序、运行程序，但不能调试程序
   C. 编辑、调试、生成可执行程序，但不能运行程序
   D. 编辑、调试、运行程序，也能生成可执行程序

10. 当滚动条位于最左端或最上端时，Value 属性被设置为（　　　　）。
    A. Min
    B. Max
    C. Max 和 Min 之间
    D. Max 和 Min 之外

11. "商品"与"顾客"两个实体集之间的联系一般是（　　　　）。
    A. 一对一
    B. 一对多
    C. 多对一
    D. 多对多

12. 以下叙述中，错误的是（　　　　）。
    A. 在 Visual Basic 中，对象所能响应的事件是由系统定义的
    B. 对象的任何属性既可以通过属性窗口设定，也可以通过程序语句设定
    C. Visual Basic 中允许不同对象使用相同名称的方法
    D. Visual Basic 中的对象具有自己的属性和方法

13. 控件是（　　　　）。
    A. 建立对象的工具
    B. 设置对象属性的工具
    C. 编写程序的编辑器
    D. 建立图形界面的编辑窗口

14. 执行下面的程序段后，x 的值为（　　　　）。
    x=50
    For i=1 To 20 Step 2
    x=x+i\5
    Next　i
    A. 66
    B. 67
    C. 68
    D. 69

15. 以下语句的输出结果是（　　　　）。
    Print Format(32548.5,″000,000.00″)
    A. 32548.5
    B. 32,548.5
    C. 032,548.50
    D. 32,548.50

16. 若想使时钟控件每隔 0.25 秒触发一次 Timer( )事件，则可将 Interval 属性值设为（　　　　）。

A．Interval=0.25　　　　　　　　　B．Interval=25

C．Interval=250　　　　　　　　　　D．Interval=2500

17．在窗体上画一个名称为 Command1 的命令按钮，然后编写如下程序：

```
Private Sub Command1_Click()
        Dim i As Integer, j As Integer
        Dim a(10, 10) As Integer
        For i = 1 To 3
            For j = 1 To 3
                a(i, j) = (i - 1) * 3 + j
                Print a(i, j);
            Next j
            Print
        Next i
End Sub
```

程序运行后，单击命令按钮，窗体上显示的是（　　　）。

A．1 2 3　　　　B．2 3 4　　　　C．1 4 7　　　　D．1 2 3

　　2 4 6　　　　　　3 4 5　　　　　　2 5 8　　　　　　4 5 6

　　3 6 9　　　　　　4 5 6　　　　　　3 6 9　　　　　　7 8 9

18．For-Next 循环的初值、终值与步长（　　　）。

A．只能是具体的数值　　　　　　　B．只能是表达式

C．可以是数值表达式　　　　　　　D．可以是任何类型的表达式

19．表示滚动条控件取值范围最大值的属性是（　　　）。

A．Max　　　　　　B．LargeChange　　　　C．Value　　　　　　D．Max-Min

20．下列符号常量的声明中，（　　　）是不合法的。

A．Const a As Single = 1.1　　　　　　B．Const a As Integer = "12"

C．Const a As Double =Sin(1)　　　　D．Const a =″ OK″

21．在窗体上画一个名称为 Command1 的命令按钮，一个名称为 Label1 的标签，然后编写如
下事件过程：

```
Private Sub Command1_Click()
        s = 0
        For i = 1 To 15
            x = 2 * i - 1
            If  x   Mod 3 = 0 Then s = s + 1
        Next i
        Label1.Caption = s
```

End Sub

程序运行后，单击命令按钮，则标签中显示的内容是（　　　）。

A．1　　　　　　　　B．5　　　　　　　　C．27　　　　　　　　D．45

22．在窗体上画一个名称为 CommonDialog1 的通用对话框，一个名称为 Command1 的命令按钮。要求单击命令按钮时，打开一个保存文件的通用对话框。该窗口的标题为"Save"，缺省文件名为"SaveFile"，在"文件类型"栏中显示*.txt。则能够满足上述要求的程序是（　　　）

A．Private Sub Command_Click()
CommonDialog1.FileName="SaveFile"
CommonDialog1.Filter="All Files|*.*|(*.txt)|*.txt|(*.doc).|*.doc"
CommonDialog1.FilterIndex=2
CommonDialog1.DialogTitle="Save"
CommonDialog1.Action=2
End Sub

B．Private Sub Command1_Click()
CommonDialog1.FileName="SaveFile"
CommonDialog1.Filter="All Files|*.*|(*.txt)|*.txt|*.doc|*.doc"
CommonDialog1.FilterIndex=1
CommonDialog1.DialogTitle="Save"
CommonDialog1.Action=2
End Sub

C．Private Sub Command1_Click()
CommonDialog1.FileName="Save"
CommonDialog1.Filter="All Files|*.*|(*.txt)|*.txt|(*.doc)|*.doc"
CommonDialog1.FilterIndex=2
C0mmonDialog1.DialogTitle="SaveFile"
CommonDialog1.Action=2
End Sub

D．Private Sub Command1_Click()
CommonDialog1.FileName="SaveFile"
CommonDialog1.Filter="All Files|*.*|(*.txt)|*.txt|(*.doc)|*.doc"
CommonDialog1.FilterIndex=1
CommonDialog1.DialogTitle="Save"
CommonDialog1.Action=1
End Sub

23．要建立一个学生成绩的随机文件，如下定义了学生的记录类型，由学号、姓名、三门课程成绩（百分制）组成，下列程序段正确的是（　　　）。

A．Type stud1　　　　　　　　　　　　B．Type stud1

no As Integer

name As String

score (1 To 3) As Single

End Type

 C. Type studl

no As Integer

name As String * 10

score (1 To 3) As Single

End Type

no As Integer

name As String * 10

score ( ) As Single

End Type

 D. Type studl

no As Integer

name As String

score (1 To 3) As Single

End Type

24. CommonDialog 控件可以显示（   ）对话框。

   A. 4 种   B. 5 种   C. 6 种   D. 7 种

25. 单击命令按钮时，下列程序的执行结果为（   ）。

```
Private Sub Commandl_Click()
    Dim x As Integer，y AS Integer
    x=12：y=32
    Call PCS(x，y)
    Print x；y
End Sub
Public Sub PCS(ByVal n As Integer，ByVal m As Integer)
    n=n Mod 10
    m=m Mod 10
End Sub
```

   A. 1232   B. 232   C. 23   D. 123

26. 在窗体上添加一个命令按钮，然后编写如下事件过程：

```
Private Sub Command_Click( )
Dim a(10)As Integer
Dim p(3)As Integer
k=5
For i=1 To 10
        a(i)=i
Next i
For i=1 To 3
    p(i)=a(i*i)
Next i
For i=1 To 3
    k=k+p(i)*2
Next i
```

— 111 —

```
Print k
End Sub
```
该程序的运行结果为（　　　　）。

A．35 　　　　　　B．33 　　　　　　C．31 　　　　　　D．29

27. 假定时钟控件的 Interval 属性为 1000，Enabled 属性为 True，并且有下面的事件过程，计算机将发出（　　）beep 声。

```
Sub Timer1_Timer( )
For i = 1 to 10
Beep
Next i
End Sub
```
A．1000 次 　　　　B．10000 次 　　　C．10 次 　　　　D．以上都不对

28. 在窗体上画一个名称为 Text1 的文本框和一个名称为 Command1 的命令按钮，然后编写如下事件过程：

```
Private Sub Command1_Click()
        Dim array1(10, 10) As Integer
        Dim i As Integer, j As Integer
        For i = 1 To 3
            For j = 2 To 4
                array1(i, j)= i + j
            Next j
        Next i
        Text1.Text = array1(2, 3)+ array1(3, 4)
End Sub
```
程序运行后，单击命令按钮，在文本框中显示的值是（　　　　）。

A．15 　　　　　　B．14 　　　　　　C．13 　　　　　　D．12

29. 下列程序运行时输出的结果是（　　　　）。

```
Option Base 1
Private Sub Form _ Click ( )
   Dim x(10) As Integer,y(5) As Integer
   For I=1 to 10
       x(i) =10-I+1
   Next I
   For I = 1 to 5
       y(i) =x(2*I-1) +x(2*I)
   Next I
   For I = 1 to 5
```

```
        Print y (i);
    Next I
End Sub
```

- A. 3　7　11　45　19
- B. 17　13　9　5　1
- C. 1　3　5　7　9
- D. 不确定的值

30. 在运行程序的过程中，当执行"复制"（mnuEditCopy）命令时，使"粘贴"（munEditPaste）命令变为可用，则应做如下处理（　　　）。

- A. Private Sub nuEditPaste_Click( )

     ……

     munEditPaste.Enable=True

     End Sub

- B. Private Sub mnuEditCopy_Click

     ……

     mnuEditPaste.Enable=True

     End Sub

- C. Privat Sub munEditPaste_Click( )

     ……

     mnuEditPaste.Visible=True

     End Sub

- D. Private Sub munEditCopy_ClicK( )

     ……

     munEditPaste.Visible=True

     End Sub

31. 下列各项中，不是通用过程特点的是（　　　）。

- A. 通用过程不与任何特定事件相联系
- B. 通用过程完成特定任务
- C. 通用过程由用户创建
- D. 通用过程可以由鼠标激发

32. 对话框在关闭之前，不能继续执行应用程序的其他部分，这种对话框属于（　　　）。

- A. 输入对话框
- B. 输出对话框
- C. 模式(模态)对话框
- D. 无模式对话框

33. 下列语句中正确的是（　　　）。

- A. txtl. Text+txt2. Text=txtS. Text
- B. Commandl. Name=cmdOK
- C. 12Label. Caption=1234
- D. A=InputBox(Hello)

34. 设已经在窗体上添加了一个通用对话框控件 CommonDialog1，以下正确的语句是

（　　）。

 A．Commondialog1.Filter=All Files |*.*| Pictures(*.Bmp) | *.Bmp

 B．Commondialog1.Filter=″All Files″|*.*| Pictures(*.Bmp) | *.Bmp

 C．Commondialog1.Filter=All Files |*.*| Pictures(*Bmp)| *.Bmp|

 D．Commondialog1.Filter=″All Files|*.*| Pictures(*Bmp)|*.Bmp″

35．在文本框 Text1 中输入一个键盘键，将会发生 4 个事件，这 4 个事件的顺序是（　　）。

 A．Text1_KeyDown、Textl_KeyPress、Textl_Change、Textl_KeyUp

 B．Text1_KeyDown、Textl_KeyUp、Textl_KeyPress、Textl_Change

 C．Text1_KeyDown、Textl_KeyPress、Textl_Change、Textl_KeyPress

 D．Text1_KeyDown、Text1_Change、Textl_KeyPress、Textl_KeyUp

二、填空题

请将答案分别写在答题卡中序号为【1】至【15】的横线上，答在试卷上不得分。

1．在面向对象方法中，类的实例称为【1】。

2．窗体设计器窗口简称【2】，是应用程序最终面向用户的窗口，它对应于应用程序的运行结果。各种图形、图像、数据等都是通过窗体或窗体中的控件显示出来的。

3．Visual Basic 使用的是【3】字符集。

4．若 A=20,B=80，C=70，D=30，则表达式 A+B>160 Or (B*C>200 And Not d>60)的值是【4】。

5．以下过程的作用是将 26 个小写字母逆序打印出来，请填空。

```
Sub Inverse()
 For i=122 To 【5】
    Print Chr$(i);
 Next i
End Sub
```

6．要对文本框中已有的内容进行编辑，按下键盘上的按键，就是不起作用，原因是设置了【6】的属性为 True。

7．下列程序弹出对话框中按钮的个数为【7】。

MsgBox″确认！″,vbAbortRetryignore+vbMsgBoxHelpButton+vbInformation,″提示；″

8．如下图所示，在列表框 List1 中已经有若干人的简单信息，运行时在 Text1 文本框（即"查找对象"右边的文本框）输入一个姓或姓名，单击"查找"按钮，则在列表框中进行查找，若找到，则把该人的信息显示在 Text2 文本框中。若有多个匹配的列表项，则只显示第 1

个匹配项；若未找到，则在 Text2 中显示"查无此人"。请填空。

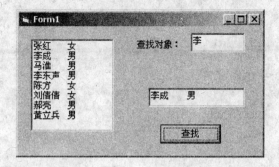

```
Private Sub Command1_Click()
    Dim k As Integer, n As Integer, found As Boolean
    found = False
    n = Len(   【8】   )
    k = 0
    While k < Listl.ListCount And Not found
        If Textl = Left$(Listl.List(k), n)Then
            Text2 =   【9】
            found = True
        End If
        k = k + 1
    Wend
    If Not found Then
        Text2 = "查无此人"
    End If
End Sub
```

9. 启动 VB6.0 默认的工程类型是【10】。

10. GUI 是指【11】。

11. 在窗体上画 1 个命令按钮，其名称为 Command1，然后编写如下事件过程：
```
Private Sub Command1_Click()
    Dim arr(1 To 100) As Integer
    For i = 1 To 100
        arr(i) = Int(Rnd * 1000)
    Next i
    Max = arr(1)
    Min = arr(1)
```

```
        For i = 1 To 100
            If  【12】  Then
                Max = arr(i)
            End If
            If  【13】  Then
                Min = arr(i)
            End If
        Next i
        Print "Max = "; Max, "Min = "; Min
    End Sub
```

程序运行后，单击命令按钮，将产生 100 个 1000 以内的随机整数，放入数组 arr 中，然后查找并输出这 100 个数中的最大值 Max 和最小值 Min，请填空。

12. 执行 inputbox 函数后，会产生一个对话框，对话框上通常有两个按钮，它们是【14】按钮和取消按钮。

13. 下列程序的运行结果是【15】。

```
Sub abcd(ByVal n As Integer)
    n=n+5
End Sub
Private Sub Form_Click()
    nx%=3
    Call abcd(nx%)
    Print nx%
End Sub
```

第 13 套

一、选择题

下列各题 A、B、C、D 四个选项中，只有一个选项是正确的，请将正确选项涂写在答题卡相应位置上，答在试卷上不得分。

1. 下面说法不正确的是（　　　）。
   A. 滚动条的重要事件是 Change 和 Scroll
   B. 框架的主要作用是将控件进行分组，以完成各自相对独立的功能
   C. 组合框是组合了文本框和列表框的特性而形成的一种控件
   D. 计时器控件可以通过对 Visible 属性的设置，在程序运行期间显示在窗体上

2. 数据的存储结构是指（　　　）。
   A. 存储在外存中的数据　　　　　　　B. 数据所占的存储空间量
   C. 数据在计算机中的顺序存储方式　　D. 数据的逻辑结构在计算机中的表示

3. 当标签的标题内容太长，需要根据标题自动调整标签的大小时，应设置标签的（　　　）属性为 True。
   A. AutoSize　　　　B. WordWrap　　　　C. Enabled　　　　D. Visible

4. 以下（　　　）操作不能打开属性窗口。
   A. 按下 F4 键
   B. 单击工具栏上的 "属性窗口" 按钮
   C. 执行 "视图" 菜单中的 "属性窗口" 命令
   D. 双击任何一个对象

5. 若要使用户不能修改文本框 TextBox1 中显示的内容，应设置（　　　）属性。
   A. Locked　　　　　　　　　　　　　B. MultiLine
   C. PassWordChar　　　　　　　　　　D. ScrollBar

6. 只能用来显示字符信息的控件是（　　　）。
   A. 文本框　　　　B. 标签框　　　　C. 图片框　　　　D. 图像框

7. 假定窗体的名称(Name 属性)为 Form1，则把窗体的标题设置为 "VBTest" 的语句为（　　　）。
   A. Form1="VBTest"　　　　　　　　　B. Caption="VBTest"
   C. Form1.Text="VBTest"　　　　　　　D. Form1.Name="VBTest"

8. 表达式 3^2*2+3 MOD 10\4 的值是（　　　　）。
   A. 18　　　　　　　　B. 1　　　　　　　　C. 19　　　　　　　　D. 0

9. 如果要在文本框中输入字符时，只显示某个字符，如星号（*），应设置文本框的（　　　）属性。
   A. Caption　　　　　　　　　　　　　B. PasswordChar
   C. Text　　　　　　　　　　　　　　D. Char

10. 英文缩写 "OOP" 的含义是（　　　　）。
    A. 事件驱动的编程机制　　　　　　　B. 结构化程序设计语言
    C. 面向对象的程序设计　　　　　　　D. 可视化程序设计

11. 以下可以作为 Visual Basic 变量名的是（　　　　）。
    A. A#A　　　　　　　　　　　　　　B. counstA
    C. 3A　　　　　　　　　　　　　　　D. ?AA

12. 以下关于过程的叙述中，错误的是（　　　　）。
    A. 事件过程是由某个事件触发而执行的过程
    B. 函数过程的返回值可以有多个
    C. 可以在事件过程中调用通用过程
    D. 不能在事件过程中定义函数过程

13. 要强制显示声明变量，可在窗体模块或标准模块的声明段中加入语句（　　　　）。
    A. Option Base0　　　　　　　　　　B. Option Explicit
    C. Option Base1　　　　　　　　　　D. Option Compare

14. 能够接受 Print 方法的对象是（　　　　）。
    （1）窗体　　（2）标签　　（3）标题栏　　（4）立即窗口
    （5）图片框　（6）状态栏　（7）打印机　　（8）代码窗口
    A. (1)(3)(5)(7)　　　B. (2)(4)(6)(8)　　　C. (1)(4)(5)(7)　　　D. (1)(2)(5)(8)

15. 设 a = 5，b = 6，c = 7，d = 8，执行下列语句后，x 的值为（　　　　）。
    x = IIf((a > b) And (c > d), 10, 20)
    A. 10　　　　　　　　　　　　　　　B. 20
    C. True　　　　　　　　　　　　　　D. False

16. 设有如下通用过程：
    Public Function Fun(xStr As String) As String
    Dim tStr As String, strL As Integer
    tStr = ""

```
strL = Len(xStr)
i = 1
Do While i <= strL / 2
    tStr = tStr & Mid(xStr, i, 1) & Mid(xStr, strL - i + 1, 1)
    i = i + 1
Loop
Fun = tStr
End Function
```

在窗体上画一个名称为 Text1 的文本框和一个名称为 Command1 的命令按钮。然后编写如下的事件过程：

```
Private Sub Command1_Click()
Dim S1 As String
S1 = "abcdef"
Text1.Text = UCase(Fun(S1))
End Sub
```

程序运行后，单击命令按钮，则 Text1 中显示的是（　　　　）。

A. ABCDEF

B. abcdef

C. AFBECD

D. DEFABC

17. 在窗体上已经添加了名为 CommonDialog1 控件，用 Show 方法显示"打开"对话框的正确方法是（　　　　）。

A. Show.Open

B. ShowOpen

C. CommonDialog1.Show.Open

D. CommonDialog1.ShowOpen

18. 执行如下语句：

a=InputBox("Today","Tomorrow","Yesterday",,,"Day before yesterday",5)

将显示一个输入对话框，在对话框的输入区中显示的信息是（　　　　）。

A. Today

B. Tomorrow

C. Yesterday

D. Day before yesterday

19. 表达式 Val(〃.123E2〃)的值（　　　　）。

A. 123

B. 12.3

C. 0

D. 123e2CD

20. 为使 Print 方法在 Form_Load 事件中起作用，可以对以下（　　　　）属性进行设置。

A. AutoReDraw   B. BackColor   C. Moveable   D. Caption

21. 以下叙述中错误的是（　　　　）。

A. 在工程资源管理器窗口中只能包含一个工程文件及属于该工程的其他文件

B. 以.BAS 为扩展名的文件是标准模块文件

C. 窗体文件包含该窗体及其控件的属性

D. 一个工程中可以含有多个标准模块文件

22. 单击一次命令按钮后，下列程序的执行结果是（　　　）。

```
Private Sub Command1_Click()
    s=P(1)+P(2)+ P(3)+P(4)
    Print s
End Sub
Public Function P(N As Integer)
    Static Sum
    For i=1 To N
        Sum=Sum+i
    Next i
    P=Sum
End Function
```

A. 15　　　　　　　　B. 25　　　　　　　　C. 35　　　　　　　　D. 45

23. 下列程序段的执行结果为（　　　）。

```
a=95
if a>60 Then I=1
if a>70 Then I=2
if a>80 Then I=3
if a>90 Then I=4
Print" I=" ; I
```

A. I=1　　　　　　　　B. I=2　　　　　　　　C. I=3　　　　　　　　D. I=4

24. 在窗体上画一个名称为 Text1 的文本框，并编写如下程序：

```
Private Sub Form_Load()
    Show
    Text1.Text = ""
    Text1.SetFocus
End Sub


Private Sub Form_MouseUp(Button As Integer, Shift As Integer, X As Single, Y As Single)
    Print "程序设计"
End Sub


Private Sub Text1_KeyDown(KeyCode As Integer, Shift As Integer)
    Print "Visual Basic";
End Sub
```

程序运行后，如果按"A"键，然后单击窗体，则在窗体上显示的内容是（　　　）。

A．Visual Basic   B．程序设计

C．A 程序设计   D．Visual Basic 程序设计

25. 如下有一段不完整的程序段，如果要求该程序执行 3 次循环，则在程序中的空白处要填入（　　　）。

```
x=1
 Do
  x=x+3
  Print x
Loop Until_____
```

A．x>=8   B．x<=8

C．x>=7   D．x<=7

26. 与传统的程序设计语言相比，Visual Basic 最突出的特点是（　　　）。

A．结构化程序设计   B．程序开发环境

C．程序调试技术   D．事件驱动编程机制

27. 下列哪个是满足要求的正确表达式：年龄在 20 到 60 之间（包括年龄 20 和 60 在内）或工资少于 500 的女职工（　　　）。

A．20<=年龄<=60 and 工资<500 or 性别="女"

B．20<年龄<60 and 工资<500 or 性别="女"

C．20<年龄 and 年龄 <60 or 工资<500 and 性别="女"

D．(20<=年龄 and 年龄<=60 or 工资<500)and 性别="女"

28. 程序启动未执行任何操作前，为了在按下回车键时执行某个命令按钮的事件过程，需要把该命令按钮的一个属性设置为 Ture，这个属性是（　　　）。

A．Value   B．Default   C．Cancel   D．Enabled

29. 程序运行后，单击窗体，屏幕显示的结果是（　　　）。

```
Private Sub Form_Click( )
num1="乙"
num2=76
Select Case num1
Case "甲"
If num2>=80 Then
Print "德艺优秀"
ElseIf num2>=60 Then
Print"德优秀，艺普通"
End If
```

```
Case "乙"
If num2>=80 Then
Print "德艺双佳"
ElseIf num2>=60 Then
Print "德艺普通"
End If
End Select
End Sub
```

A. 德艺双佳   B. 德艺普通
C. 德优秀，艺普通   D. 德艺优秀

30. 在窗体上画一个名称为 Labe11、标题为 "VisualBasic 考试" 的标签，两个名称分别为 Command1 和 Command2、标题分别为 "开始" 和 "停止" 的命令按钮，然后画一个名称为 Timer1 的计时器控件，并把其 Interval 属性设置为 500，如下图所示。

编写如下程序：
```
Private Sub Form_Load()
    Timer1.Enabled = False
End Sub

Private Sub Command1_Click()
    Timer1.Enabled = True
End Sub

Private Sub Command2_Click()
    Timer1.Enabled = False
End Sub

Private Sub Timer1_Timer()
    If Label1.Left < Width Then
    Label1.Left = Label1.Left+20
    Else
    Label1.Left = 0
```

        End If
    End Sub
    程序运行后单击"开始"按钮，标签在窗体中移动。

    对于这个程序，以下叙述中错误的是（   ）。
    A. 标签的移动方向为自右向左
    B. 单击"停止"按钮后再单击"开始"按钮，标签从停止的位置继续移动
    C. 当标签全部移出窗体后，将从窗体的另一端出现，重新移动
    D. 标签按指定的时间间隔移动

31. Visual Basic 一共有设计、运行和中断三种模式，要使用调试工具应该（   ）。
    A. 进入设计模式   B. 进入运行模式
    C. 进入中断模式   D. 不用进入任何模式

32. "按相同大小制作"多个控件时，（   ）是制作的基准。
    A. 被锁定的控件   B. 第一个控件
    C. 最后一个控件   D. 主控件

33. 函数过程(用 Function 定义)与子过程(用 Sub 定义)的最大区别是（   ）。
    A. 函数过程有返回值   B. 子过程有返回值
    C. 函数过程可以带参数   D. 子过程可以带参数

34. 设有如下变量声明 Dim time1 As Date,为变量 time1 正确赋值的表达式是（   ）。
    A. time1 = # 11:34:04 #   B. time1 = Format(Time,″yy:mm:dd″)
    C. time1 = # ″11:34:04″ #   D. time1 = Format(″hh:mm:ss″,Time)

35. 在窗体上画一个名称为 List1 的列表框，一个名称为 Label1 的标签。列表框中显示若干
    城市的名称。当单击列表框中的某个城市名时，在标签中显示选中城市的名称。
    下列能正确实现上述功能的程序是（   ）。
    A. Private Sub List1_Click()   B. Private Sub List1_Click()
          Label1.Caption=List1.ListIndex   Label1.Name=List1.ListIndex
       End Sub   End Sub
    C. Private Sub List1_Click()   D. Private Sub List1_Click()
          Label1.Name=List1.Text   Label1.Caption=List1.Text
       End Sub   End Sub

二、填空题
    请将答案分别写在答题卡中序号为【1】至【15】的横线上，答在试卷上不得分。

1. 为了在按下 Esc 键时执行某个命令按钮的事件过程，需要把该命令按钮的一个属性设置为
   True，这个属性是【1】。

2. 打开"工程窗口"的方法之一是按【2】组合键。

3. 在文本框中，通过【3】 属性能获得当前插入点所在的位置。

4. 数据结构分为逻辑结构和存储结构，循环队列属于【4】结构。

5. 以下程序用来产生 20 个 100 以内的随机整数，并将其中的偶数在窗体上显示，请填空。
```
Randomize
For i=1 To 20
    x=  【5】
    If x/2 =  【6】 Then
        Print x
    End If
Next i
```

6. 多分支选择结构的 Select Case<测试表达式>语句中，<测试表达式>可以是【7】。

7. 在程序中动态地给图片框加载图像文件的函数为【8】。

8. 下列语句的输出结果是【9】。
```
Print Format(Int(12345.6789 * 100 + 0.5) / 100, "00,000.00")
```

9. 下列程序段的运行结果是【10】。
```
Sub sele( )
    Dim n as Integer
    i=21:n=3
    Do While i>n
        i=i-n
    Loop
    Print i
End Sub
```

10. 随机文件以【11】为单位读写，二进制文件以【12】为单位读写。

11. 下列程序段的运行结果是【13】。
```
Dim t As Single, s As Single
Dim n As Integer
S=0:t=1
For n=1 To 5
```

```
        t=t*n
        s=s+1
    Next n
    Debug.Print s
```

12. "编辑"菜单中"粘贴"命令所对应的快捷键是【14】。

13. 若已在窗体中加入一个通用对话框，要求在运行时，通过 ShowOpen 打开对话框时只显示扩展名为.doc 的文件，则对通用对话框的 Filter 属性正确的设置是【15】。

第 14 套

一、选择题

下列各题 A、B、C、D 四个选项中，只有一个选项是正确的，请将正确选项涂写在答题卡相应位置上，答在试卷上不得分。

1. 能够改变窗体边框线类型的属性是（　　）。
   A. FontSyle　　　　B. BorderStyle　　　　C. BackStyle　　　　D. Border

2. 下列描述中正确的是（　　）。
   A. 程序就是软件　　　　　　　　　　　B. 软件开发不受计算机系统的限制
   C. 软件既是逻辑实体，又是物理实体　　D. 软件是程序、数据与相关文档的集合

3. 只有将组合框的 Style 属性设置为（　　）值时，才能触发 DblClick 事件。
   A. 0　　　　　　　B. 1　　　　　　　C. 2　　　　　　　D. 3

4. 结构化程序设计主要强调的是（　　）。
   A. 程序的规模　　　　　　　　　B. 程序的效率
   C. 程序设计语言的先进性　　　　D. 程序易读性

5. 假设变量 boolVar 是一个布尔型变量，则下面正确的赋值语句是（　　）。
   A. boolVar='True'　　　　　　　B. boolVar=.True.
   C. boolVar=#True#　　　　　　　D. boolVar=3<4

6. Visual Basic 布尔运算符 Xor，Or，Eqv，And 中，级别最高的运算符是（　　）。
   A. Xor　　　　　　B. Or　　　　　　C. Eqv　　　　　　D. And

7. 如果一个变量未经定义就直接使用，则该变量的类型为（　　）。
   A. Integer　　　　B. Byte　　　　C. Boolean　　　　D. Variant

8. 常用控件的 Style 属性值是（　　）。
   A. 字符常量　　　　B. 逻辑常量　　　　C. 数值常量　　　　D. 日期常量

9. 在深度为 7 的满二叉树中，叶子结点的个数为（　　）
   A. 32　　　　　　B. 31　　　　　　C. 64　　　　　　D. 63

10. 数据库 DB、数据库系统 DBS、数据库管理系统 DBMS 之间的关系是（　　）。

A. DB 包含 DBS 和 DBMS   B. DBMS 包含 DB 和 DBS

C. DBS 包含 DB 和 DBMS   D. 没有任何关系

11. 设有命令按钮 Command1 的单击事件过程，代码如下：

```
Private Sub Command1_Click()
        Dim a(30) As Integer
        For i = 1 To 30
              a(i) = Int(Rnd * 100)
        Next
        For Each arrItem In a
              If arrItem Mod 7 = 0 Then Print arrItem;
              If arrItem > 90 Then Exit For
        Next
End Sub
```

对于该事件过程，以下叙述中错误的是（   ）。

A. a 数组中的数据是 30 个 100 以内的整数

B. 语句 For Each arrItem In a 有语法错误

C. If arrItem Mod 7 = 0 ……语句的功能是输出数组中能够被 7 整除的数

D. If arrItem > 90 ……语句的作用是当数组元素的值大于 90 时退出 For 循环

12. 以下是 MDI 子窗体在运行时特性的叙述，错误的是（   ）。

A. 子窗体在 MDI 窗体的内部区域显示

B. 子窗体可在 MDI 窗体的外部区域显示

C. 当子窗体最小化时，它的图标在 MDI 窗体内显示

D. 当子窗体最大化时，其标题与 MDI 窗体标题合并，并显示在 MDI 窗体的标题栏中

13. 有如下程序，该段程序将（   ）。

```
For i=1 to 10 Step 0
        k=k+2
Next i
```

A. 形成无限循环

B. 循环体执行一次后结束循环

C. 语法错误

D. 循环体不执行即结束循环

14. 给文件改名的 VB 语句正确的是（   ）。

A. Name 原文件名 To 新文件名

B. Rename 原文件名 To 新文件名

C. Name 原文件名 as 新文件名

D. Rename 原文件名 as 新文件名

15. 在窗体上画一个名称为 List1 的列表框，一个名称为 Label1 的标签，列表框中显示若干城市的名称。当单击列表框中的某个城市名时，该城市名从列表框中消失，并在标签中显示出来。下列能正确实现上述操作的程序是（   ）。

A．Private Sub List1_Click()
　　　Label1.Caption = List1.ListIndex
　　　List1.RemoveItem List1.Text
　　End Sub

B．Private Sub List1_Click()
　　　Label1. Name = List1. ListIndex
　　　List1.RemoveItem List1.Text
　　End Sub

C．Private Sub List1_Click()
　　　Label1.Caption = List1.Text
　　　List1.RemoveItem List1.ListIndex
　　End Sub

D．Private Sub List1_Click()
　　　Label1. Name = List1.Text
　　　List1.RemoveItem List1.ListIndex
　　End Sub

16. 下列不能打开菜单编辑器的操作是（   ）。

A．按 Ctrl+E

B．单击工具栏中的"菜单编辑器"按钮

C．执行"工具"菜单中的"菜单编辑器"命令

D．按 Shift+Alt+M

17. 下列程序的执行结果为（   ）。

```
Ptivate Sub Commandl_Click()
Dim FirStr As String
FirStr="abcdef"
Print Pat(FirStr)
End Sub
Private Function Pat(xStr As String) As String
Dim tempStr As String，strLen As Integer
tempStr=" "
strLen=Len(xStr)
i=1
Do While i<=Len(xStr)-3
tempStr=tempStr+Mid(xStr，i，1)+Mid(xStr，strLen-i+1，1)
i=i+1
Loop
Pat=tempStr
End Function
```

A．abcdef　　　　　B．afbecd　　　　　C．fedcba　　　　　D．defabc

18. Visual Basic 采用了（   ）编程机制。

A．面向过程

B．面向对象

C. 事件驱动 D. 可视化

19. 执行如下语句：
a=InputBox(〃Today〃,〃Tomorrow〃,〃Yesterday〃,,,〃Day before yesterday〃,5)
将显示一个输入对话框，在对话框的输入区中显的信息是（   ）。

A. Today B. Tomorrow
C. Yesterday D. Day before yesterday

20. 下面的程序运行结果是（   ）。
```
Private Sub Form _ Click ( )
I=0
Do Until 0
i=i+l
    if i > 10 then Exit Do
 Loop
  Print i
End Sub
```
A. 0 B. 10 C. 11 D. 出错

21. 如果要改变窗体的标题，则需要设置的属性是（   ）。
A. Caption B. Name C. BackColor D. BorderStyle

22. 下列程序运行时输出的结果是（   ）。
```
Option Base 1
Private Sub Form _ Click ( )
  Dim x(10)
  For I=l to l0
     x(i) =10-I+l
  Next I
  ForI=10 to 1 step-2
    Print x(i);
  Next I
End Sub
```
A. 1 3 5 7 9 B. 9 7 5 3 1
C. 1 2 3 4 5 6 7 8 9 10 D. 10 9 8 7 6 5 4 3 2 1

23. 设已经在窗体上添加了一个通用对话框控件 CommonDialogl,以下正确的语句是(   )。
A. CommonDialogl. Filter=ALLL Files | *. * | Pictures(*. Bmp) | *. Bmp
B. CommonDialogl. Filter=〃 ALLL Files〃 | *. * | "Pictures(*. Bmp)〃 | *. Bmp
C. CommonDialogl. Filter={ALLL Files{ | *. * | Pictures(*. Bmp) | *. Bmp}

D. CommonDialogl. Filter=″ALLL Files | *. * | Pictures(*. Bmp) | *. Bmp″

24. 运行以下程序后，输出的图案是（　　）。

```
Form1.Cls
A$=String$(10, "*")
For i=1 To 5
    n=10-2*I
    X$=A$:Y$=Space$(n)
    Mid$(X$,i+1,n)=Y$
    Print X$
Next i
```

A.
```
*          *
**        **
***      ***
****    ****
**********
```

B.
```
    **********
   **********
  **********
 **********
**********
```

C.
```
*********
 *******
  *****
   ***
    *
```

D.
```
**********
 ********
  ******
   ****
    **
```

25. 下面有关注释语句的格式，错误的是（　　）。

A. Rem 注释内容

B. ′ 注释内容

C. a=3：b=2′ 对 a、b 赋值

D. Private Sub Commandl_MouseDown(button AS Integer，shift As Integer，_ Rem 鼠标按下事件的命令调用过程 X As Single，Y As Single)

26. 在窗体上画一个名称为 Command1 的命令按钮，然后编写如下通用过程和命令按钮的事件过程：

```
Private Function f(m As Integer)
    If m Mod 2 = 0 Then
        f = m
    Else
        f = 1
    End If
End Function

Private Sub Command1_Click()
```

```
        Dim i As Integer
        s = 0
        For i = 1 To 5
            s = s + f(i)
        Next
        Print s
    End Sub
```

程序运行后，单击命令按钮，在窗体上显示的是（　　　　）。

A．11　　　　　　　　B．10　　　　　　　　C．9　　　　　　　　D．8

27．下列命令按钮事件过程执行后，输出结果是（　　　　）。

```
    For m=1 To 1000 Step 2
        a=10
            For n=1 To 20 Step 2
                a=a+2
            Next n
    Next m
    Print a
```

A．1200　　　　　　B．10000　　　　　　C．30　　　　　　　D．20

28．下列程序的输出结果是（　　　　）。

```
    Dim a
    a=Array(1,2,3,4,5,6,7,8)
    i=0
    For K=100 To 90 Step −2
        s=a(i)^2
        If a(i)>3 Then Exit For
        i=i+1
    Next k
    Print k;a(i);s
```

A．88　6　36　　　B．88　1　2　　　C．90　2　4　　　　　D．94　4　16

29．在窗体上画一个名称为 File1 的文件列表框，并编写如下程序：

```
    Private Sub File1_DblClick()
        x＝Shell(File1_FileName, 1)
    End Sub
```

以下关于该程序的叙述中，错误的是（　　　　）。

A．x 没有实际作用，因此可以将该语句写为：Call Shell(File1.FileName,1)

B．双击文件列表框中的文件，将触发该事件过程

C．要执行的文件的名字通过 File1.FileName 指定

D. File1 中显示的是当前驱动器、当前目录下的文件

30. fileFiles.Pattern="*.dat"程序代码执行后，会显示（ ）。
   A. 只包含扩展名为"*.dat"的文件 　　　 B. 第一个 dat 文件
   C. 包含所有的文件 　　　 D. 会显示磁盘的路径

31. 退出 VB6.0 的快捷键是（ ）。
   A. Ctrl+Q 　　 B. Alt+Q 　　 C. Alt+A 　　 D. Ctrl+A

32. 任何控件都具有（ ）属性。
   A. Text 　　 B. Caption 　　 C. Name 　　 D. ForeColor

33. 如果一个工程含有多个窗体及标准模块，则以下叙述中错误的是（ ）。
   A. 如果工程中含有 Sub Main 过程，则程序一定首先执行该过程
   B. 不能把标准模块设置为启动模块
   C. 用 Hide 方法只是隐藏一个窗体，不能从内存中清除该窗体
   D. 任何时刻最多只有一个窗体是活动窗体

34. 设 A$=″Hello″,下列语句正确的是（ ）。
   A. Label1.Hight=Label1.Hight+A$
   B. Label1.Caption=Label1.Caption+A$
   C. Label1.Enabled=Laabell.Enabled+A$
   D. Label1.Visible=Label1.Visible+A$

35. 下列语句的输出结果为（ ）。
   Print Format$(5689.36，"000,000.000")
   A. 5,689.36 　　　 B. 5,689.360
   C. 5,689.3 　　　 D. 005,689.360

二、填空题
请将答案分别写在答题卡中序号为【1】至【15】的横线上，答在试卷上不得分。

1. 在程序中使用日期型数据时，必须用符号【1】将日期型数据括起来。

2. 将一般窗体转换为 MDI 窗体的子窗体时要把 MDIChild 属性设置为【2】。

3. 在进行模块测试时，要为每个被测试的模块另外设计两类模块：驱动模块和承接模块（桩模块）。其中【3】的作用是将测试数据传送给被测试的模块，并显示被测试模块所产生的结果。

4. 设有以下函数过程：

```
Functio fun(m As Integer) As Integer
    Dim k As Integer, sum As Integer
    sum = 0
    For k = m To 1 Step - 2
        sum = sum + k
    Next k
    fun = sum
End Function
```

若在程序中用语句 s = fun(10) 调用此函数，则 s 的值为【4】。

5. 在对象的 MouseDown 和 MouseUp 事件过程中，参数 Button 的值为 1、2、4 时，分别代表按下鼠标的左键、【5】 和【6】 按钮。

6. 对象的方法是指【7】。

7. 计时器事件时间的间隔通过【8】属性设置。

8. 在代码窗口中输入某行代码并按回车键后，如果代码变成红色，表示【9】。

9. 在窗体上画 1 个命令按钮和 1 个文本框，其名称分别为 Command1 和 Text1，然后编写如下代码：

```
Dim SaveAll As String
Private Sub Command1_Click()
    Text1.Text = Left(UCase(SaveAll), 4)
End Sub
Private Sub Text1_KeyPress(KeyAscii As Integer)
    SaveAll = SaveAll + Chr(KeyAscii)
End Sub
```

程序运行后，在文本框中输入 abcdefg，单击命令按钮，则文本框中显示的内容是【10】。

10. 下列程序段的运行结果是【11】。

```
Dim num As Integer ,a As Integer,b As Integer
a=88:b=24
Do
While b<>0
num=a Mod b
a=b
b=num
Wend
```

```
Print a
Loop
```

11. 若要求输入密码时文本框中只显示"*"号，则应当在文本框的属性窗口中设置【12】属性。

12. 设置状态栏控件的【13】属性可以改变状态栏在窗体上的位置。

13. 下列过程的功能是：在对多个文本框进行输入时，对第 1 个文本框（text1）输入完毕后用回车键使焦点跳到第 2 个文本框（text2），而不是 Tab 键来切换。请完成该程序。
```
Private Sub Text1_KeyDown(Keycode As Integer ,Shift As Integer)
If【14】  Then
Text2.【15】
End If
End Sub
```

第 15 套

一、选择题

下列各题 A、B、C、D 四个选项中，只有一个选项是正确的，请将正确选项涂写在答题卡相应位置上，答在试卷上不得分。

1. 在 VB 中设计程序时，能自动被检查出来的错误是（　　　）。
   A. 语法错误　　　　　　　　　　B. 语法错误和逻辑错误
   C. 运行错误　　　　　　　　　　D. 逻辑错误

2. 下面叙述正确的是（　　　）。
   A. Spc 函数既能用于 Print 方法中，也能用于表达式
   B. Space 函数既能用于 Print 方法中，也能用于表达式
   C. Spc 函数与 Space 函数均生成空格，没有区别
   D. 以上说法均不对

3. 假定建立了一个名为 Command1 的命令按钮数组，则以下说法中错误的是（　　　）。
   A. 数组中每个命令按钮的名称（Name 属性）均为 Command1
   B. 数组中每个命令按钮的标题（Caption 属性）都一样
   C. 数组中所有命令按钮可以使用同一个事件过程
   D. 用名称 Command1（下标）可以访问数组中的每个命令按钮

4. 下列叙述中正确的是（　　　）。
   A. 程序设计就是编制程序
   B. 程序的测试必须由程序员自己去完成
   C. 程序经调试改错后还应进行再测试
   D. 程序经调试改错后不必进行再测试

5. 用于获得字符串 S 最左边 4 个字符的函数是（　　　）。
   A. Left(S, 4)　　　　　　　　　　B. Left(1,4)
   C. Leftstr(S)　　　　　　　　　　D. Leftstr(3,4)

6. 双击窗体中的对象后，Visual Basic 将显示的窗口是（　　　）。
   A. 项目（工程）窗口　　　　　　B. 工具箱
   C. 代码窗口　　　　　　　　　　D. 属性窗口

7. 下面程序执行的结果是（　　　）。

```
Private Sub Form_Click( )
    A$="123":B$="456"
C=Val(A$)+Val(B$)
Print C\100
End Sub
```
    A. 123   B. 3   C. 5   D. 579

8. 在 VB 集成开发环境中，以下最不可以缺少的窗口是（   ）。
    A. 立即窗口   B. 代码窗口
    C. 窗口布局窗口   D. 监视窗口

9. 以下能从字符串"VisualBasic"中直接取出子字符串"Basic"的函数是（   ）。
    A. Left   B. Mid
    C. String   D. Instr

10. 设 $x=4$，$y=6$，则以下不能在窗体上显示出"A=10"的语句是（   ）。
    A. Print   A=x+y   B. Print "A=";x+y
    C. Print   "A=" + Str(x+y)   D. Print "A=" & x+y

11. 定时器的 Interval 属性以（   ）为单位指定 Timer 事件之间的时间间隔。
    A. 分   B. 秒   C. 毫秒   D. 微秒

12. 在用菜单编辑器设计菜单时，必须输入的项是（   ）。
    A. 快捷键   B. 标题   C. 索引   D. 名称

13. 以下关于选项按钮的说法，正确的是（   ）。
    A. 一个窗体上（包括其他容器中）的所有选项按钮一次只能有一个被选中
    B. 一个窗体上（不包括其他容器中）的所有选项按钮一次只能有一个被选中
    C. 在一个容器中的选项按钮可以同时有多个被选中
    D. 所有容器（多于一个）中选项按钮一次只能有一个被选中

14. 要显示当前过程中的所有变量及对象的取值，可以利用（   ）窗口。
    A. 数据   B. 调用堆栈   C. 立即   D. 本地

15. 当用户（   ）时，会引发焦点所在控件的 KeyPress 事件。
    A. 按下键盘上的一个 ANSI 键   B. 释放键盘上的一个 ANSI 键
    C. 单击鼠标左键   D. 单击鼠标右键

16. 语句 X=X+1 的正确含义是（   ）。
    A. 变量 X 的值与 X+1 的值相等   B. 将变量 X 的值存到 X+1 中去

C. 将变量 X 的值加 1 后赋值给变量 X 　　D. 变量 X 的值为 1

17. 以下叙述中错误的是（　　　　）。

A. 用 Shell 函数可以调用能够在 Windows 下运行的应用程序

B. 用 Shell 函数可以调用可执行文件，也可以调用 Visual Basic 的内部函数

C. 调用 Shell 函数的格式应为：<变量名>＝Shell（……）

D. 用 Shell 函数不能执行 DOS 命令

18. 在窗体上画一个名称为 Command1 的命令按钮和三个名称分别为 Label1、Label2、Label3 的标签，然后编写如下代码：

```
Private x As Integer
Private Sub Command1_Click()
    Static y As Integer
    Dim z As Integer
    n = 10
    z = n + z
    y = y + z
    x = x + z
    Label1.Caption = x
    Label2.Caption = y
    Label3.Caption = z
End Sub
```

运行程序，连续三次单击命令按钮后，则三个标签中显示的内容分别是（　　　　）。

A. 10　10　10　　　　　　　　　　　　B. 30　30　30

C. 30　30　10　　　　　　　　　　　　D. 10　30　30

19. 代数式 $x_1-|a|+\ln 10+\sin(x_2+2\pi)/\cos(57°)$ 对应的 Visual Basic 表达式是（　　　　）。

A. X1-Abs(A)+Log(10)+Sin(X2+2*3.14)/Cos(57*3.14/180)

B. X1-Abs(A)+Log(10)+Sin(X2+2*π)/Cos(57*3.14/180)

C. X1-Abs(A)+Log(10)+Sin(X2+2*3.14)/Cos(57)

D. X1-Abs(A)+Log(10)+Sin(X2+2*π)/Cos(57)

20. Function 过程有别于 Sub 过程的最主要的特点是（　　　　）。

A. Function 过程一定要有虚参，而 Sub 过程可以没有虚参

B. Function 过程的终端语句是 End Function，而 Sub 过程的终端语句是 End Sub

C. Function 过程是用于计算函数值的，而 Sub 过程是用于改变属性值的

D. Function 过程要返回函数值，而 Sub 过程没有值返回

21. 设有如下通用过程：

Public Function f(x As Integer)

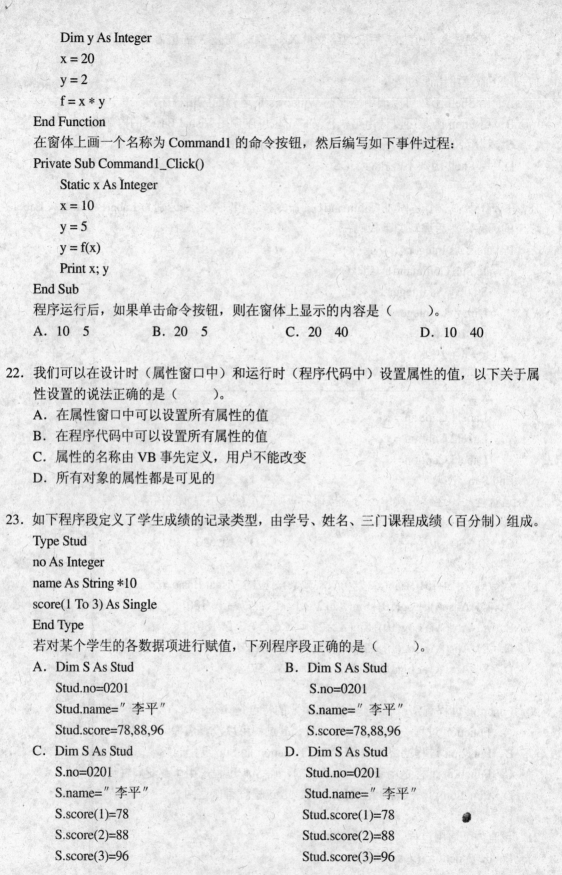

```
        Dim y As Integer
        x = 20
        y = 2
        f = x * y
End Function
```
在窗体上画一个名称为 Command1 的命令按钮，然后编写如下事件过程：
```
Private Sub Command1_Click()
        Static x As Integer
        x = 10
        y = 5
        y = f(x)
        Print x; y
End Sub
```
程序运行后，如果单击命令按钮，则在窗体上显示的内容是（　　　　）。

A. 10　5　　　　　　B. 20　5　　　　　　C. 20　40　　　　　　D. 10　40

22. 我们可以在设计时（属性窗口中）和运行时（程序代码中）设置属性的值，以下关于属性设置的说法正确的是（　　　　）。

A. 在属性窗口中可以设置所有属性的值

B. 在程序代码中可以设置所有属性的值

C. 属性的名称由 VB 事先定义，用户不能改变

D. 所有对象的属性都是可见的

23. 如下程序段定义了学生成绩的记录类型，由学号、姓名、三门课程成绩（百分制）组成。
```
Type Stud
no As Integer
name As String *10
score(1 To 3) As Single
End Type
```
若对某个学生的各数据项进行赋值，下列程序段正确的是（　　　　）。

A. Dim S As Stud　　　　　　　　B. Dim S As Stud
   Stud.no=0201　　　　　　　　　　　S.no=0201
   Stud.name="李平"　　　　　　　　　S.name="李平"
   Stud.score=78,88,96　　　　　　　　S.score=78,88,96

C. Dim S As Stud　　　　　　　　D. Dim S As Stud
   S.no=0201　　　　　　　　　　　　Stud.no=0201
   S.name="李平"　　　　　　　　　　Stud.name="李平"
   S.score(1)=78　　　　　　　　　　Stud.score(1)=78
   S.score(2)=88　　　　　　　　　　Stud.score(2)=88
   S.score(3)=96　　　　　　　　　　Stud.score(3)=96

24. 假定编写如下事件过程：

Private Sub Form_MouseDown (Button As Integer, Shift As Integer, X As Single, Y As Single)

    If (Button and 3) = 3 then

       Print"Hello"

    End if

End Sub

程序运行后，为了在窗体上输出"Hello"，应该窗体上执行以下（   ）操作。

A. 只能按下左键并拖动   B. 只能按下右键并拖动

C. 必须同时按下左、右键并拖动   D. 按下左键拖动或按下右键拖动

25. 为了描述 x>y 和 y>z 同时成立，下述选项中正确的是（   ）。

A. x>y .AnD. y>z   B. x>y>z

C. x>y And >z   D. x>y And y>z

26. 下面程序段中正确的是（   ）。

A. If x<0 Then y=0   B. If x>=2 Then y=3

    If x<1 Then y=1   If x>1 Then y=2

    If x<2 Then y=2   If x >=0 Then y=1

    If x>=2 Then y=3   If x>0 Then y=0

C. If x<0 Then   D. If x>=2 Then

    y=0   y=3

    Else If>=0 Then   Else If>=1   Then

    y=1   y=2

    Else   Else

     y=3   y=0

    End If   End If

27. 下列块结构条件语句，正确的是（   ）。

A. If x>10 Then   B. if x>10 Then

    Print″a″   Print″a″

    Elseif x>5 Then   Elseif x>5

       Print ″b″   Print ″b″

    Elseif x<5 Then   Else

       Print ″c″   Print″c″

    End if   End if

C. If x>10 Then   D. If x>10 Then

    Print″a″   Print″a″

    Else if x>5 Then   Else if x>5 Then Print″b″

```
        Print " b "                    Else
    Else x<5 Then                   Print " c "
    Print " c "                     End if
    End if
```

28. 以下命令中能够正确地画出矩形的是（   ）。

    A．line-(2500,2500)   B．line-(500,500)

    B．line-(500,500)-(2500,2500)   D．line(500,500)-(2500,2500)

29. 在窗体上画一个名称为 Command1 的命令按钮，然后编写如下程序：

```
Option Base 1
Private Sub Command1_Click()
    Dim a As Variant
    a=Array(1,2,3,4,5)
    Sum = 0
    For i =1 To 5
    Sum=Sum+a(i)
    Next i
    x=Sum / 5
    For i =1 To 5
    If a(i) > x Then Print a(i);
    Next i
End Sub
```

程序运行后，单击命令按钮，在窗体上显示的内容是（   ）。

    A．1 2   B．1 2 3   C．3 4 5   D．4 5

30. 下列事件过程运行后输出结果是（   ）。

```
Private Sub Commandl_Clcik( )
   Print 25 Mod (1-2 ^3)
  End Sub
```

    A．4   B．-4   C．0   D．-0

31. 下列程序段的执行结果为（   ）。

```
Dim A(3,3)
For M=1 To 3
   For N=1 To 3
     If N=M Or N=3-M+1 Then
        A(M,N)=1
     Else
        A(M,N)=0
```

```
        End If
      Next N
  Next M
  For M=1 To 3
      For N=1 To 3
          Print A(M,N)
      Next N
      Print
  Next M
```

A. 1　0　0　　　　　　　B. 1　1　1
　　0　1　0　　　　　　　　　1　1　1
　　0　0　1　　　　　　　　　1　1　1

C. 0　0　0　　　　　　　D. 1　0　1
　　0　0　0　　　　　　　　　0　1　0
　　0　0　0　　　　　　　　　1　0　1

32. 在窗体上画一个名称为 Text1 的文本框和一个名称为 Command1 的命令按钮，然后编写
    如下事件过程：

    ```
    Private Sub Command1_Click()
        Text1.Text = "Visual"
        Me.Text1 = "Basic"
        Text1 = "Program"
    End Sub
    ```

    程序运行后，如果单击命令按钮，则在文本框中显示的是（　　　　）。

    A. Visual　　　　　　　　　　　B. Basic

    C. Program　　　　　　　　　　D. 出错

33. 关于语句 If x=1 Then y=1,下列说法正确的是（　　　　）。

    A. x=1 和 y=1 均为赋值语句

    B. x=1 和 y=1 均为关系表达式

    C. x=1 为关系表达式，y=1 为赋值语句

    D. x=1 为赋值语句，y=1 为关系表达式

34. 在窗体上画一个名称为 Text1 的文本框，然后画一个名称为 HScroll1 的滚动条，其 Min
    和 Max 属性分别为 0 和 100。程序运行后，如果移动滚动框，则在文本框中显示滚动条
    的当前值，如下图所示。

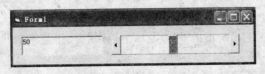

以下能实现上述操作的程序段是（　　　）。

A. Private Sub HScroll1_Change()
　　　Text1.Text=HScroll1.Value
　　End Sub

B. Private Sub HScroll1_Click()
　　　Text1.Text=HScroll1.Value
　　End Sub

C. Private Sub HScroll1_Change()
　　　Text1.Text=HScroll1.Caption
　　End Sub

D. Private Sub HScroll1_Click()
　　　Text1.Text=HScroll1.Caption
　　End Sub

35. 下列选项中，合法的变量名是（　　　）。

A. c%aaa　　　　　B. sun_3　　　　　C. Else　　　　　D. 5persons

二、填空题

请将答案分别写在答题卡中序号为【1】至【15】的横线上，答在试卷上不得分。

1. 启动 Visual Basic，选择标准 EXE 进入集成环境后，系统为用户启动建立一个窗体，并为该窗体起的临时名称是【1】。

2. 算法复杂度主要包括时间复杂度和【2】复杂度。

3. 一棵二叉树第六层（根结点为第一层）的结点数最多为【3】个。

4. 窗体是一种对象，由属性定义其外观，由【4】定义其行为，由事件定义其与用户的交互。

5. 逻辑常量值为 True 或【5】。

6. 要使命令按钮控件不可用，应设置的属性是【6】。

7. Defsng a 定义的变量 a 是【7】类型的变量。

8. 为了防止用户随意将光标置于控件上，应将控件的【8】属性设置为 False。

9. 运行时，要使工具栏控件 Toolbar1 中的第二个按钮的按钮菜单中的第三项无效(变成灰色)，应使用语句【9】。

10. 在窗体上画 1 个文本框，名称为 Text1，然后编写如下程序：

```
Private Sub Form_Load()
    Open "d:\temp\dat.txt" For Output As #1
    Text1.Text = ""
End Sub
Private Sub Text1_KeyPress(KeyAscii As Integer)
If 【10】 = 13 Then
        If UCase(Text1.Text) = 【11】 Then
            Close 1
            End
        Else
            Write #1, 【12】
            Text1.Text = ""
        End If
    End If
End Sub
```

以上程序的功能是，在 D 盘 temp 目录下建立 1 个名为 dat.txt 的文件，在文本框中输入字符，每次按回车键（回车符的 ASCII 码是 13）都把当前文本框中的内容写入文件 dat.txt，并清除文本框中的内容；如果输入"END"，则结束程序。请填空。

11. 要使一个命令按钮成为图形命令按钮，则应设置【13】属性值。

12. 下列程序功能是，产生 10 个 0～100 的随机数，输出其中的最大值。请将程序补充完整。

```
Private Sub Form_Click()
    Dim an(10) As Integer
    Dim max As Integer
    Randomize
    For i%=1 To 10
        an(i%)= 【14】
    Next i%
    max= an(1)
    For i%=2 To 10
        if 【15】 then
            max=an(i%)
        End If
    Next i%
    Print max
    End Sub
End Sub
```

第 16 套

一、选择题

下列各题 A、B、C、D 四个选项中，只有一个选项是正确的，请将正确选项涂写在答题卡相应位置上，答在试卷上不得分。

1. 单击滚动条的滚动箭头时，产生的事件是（   ）。
   A. Click   B. Scroll   C. Change   D. Move

2. 要使某控件在运行时不可显示，应对属性（   ）进行设置。
   A. Enabled   B. Visible
   C. BackColor   D. Caption

3. 要使标签能够显示所需要的文本，则在程序中应设置（   ）属性的值。
   A. Caption   B. Text   C. Name   D. AutoSize

4. 在一行内写多条语句时，语句之间要用某个符号分隔。这个符号是（   ）。
   A. ，   B. ；   C. 、   D. ：

5. 用标准工具栏中的工具按钮不能执行的操作是（   ）。
   A. 添加工程   B. 打印源程序
   C. 运行程序   D. 打开工程

6. 对象.cls 方法对（   ）控件有效。
   A. 窗体、图像框   B. 窗体、图片框
   C. 屏幕、窗体   D. 图像框、图片框

7. 下列叙述中正确的是（   ）。
   A. 线性链表是线性表的链式存储结构
   B. 栈与队列是非线性结构
   C. 双向链表是非线性结构
   D. 只有根结点的二叉树是线性结构

8. 以下叙述中，错误的是（   ）。
   A. 一个 Visual Basic 应用程序可以含有多个标准模块文件
   B. 一个 Visual Basic 工程可以含有多个窗体文件
   C. 标准模块文件可以属于某个指定的窗体文件

D. 标准模块文件的扩展名是.bas

9. 若要使标签控件显示时不覆盖其背景内容，应设置标签的（　　　）属性。
   A. BackColor
   B. BorderStyle
   C. ForeColor
   D. BackStyle

10. 如果将布尔常量值 True 赋值给一个整型变量，则整型变量的值为（　　　）。
   A. 0
   B. -1
   C. True
   D. False

11. 窗体上有一个按钮和一个滚动条，则下列程序的功能是（　　　）。
   Sub Command1_Click( )
   HScroll1.LargeChange=5
   End Sub
   A. 将滚动条的最大值设为 5
   B. 将滚动条最大改变值改变 5
   C. 将滚动条的最小值设为 5
   D. 将滚动条最小改变值改为 5

12. 设 a = 2, b = 3, c = 4, 下列表达式的值是（　　　）。
   Not a <= c Or 4*c = b^2 And b <> a + c
   A. -1
   B. 1
   C. True
   D. False

13. 表达式 Int(-17.8)+Sgn(17.8)的值是（　　　）。
   A. 18
   B. -17
   C. -18
   D. -16

14. 选择循环结构的作用是（　　　）。
   A. 提高程序运行速度
   B. 控制程序的流程
   C. 便于程序的阅读
   D. 方便程序的调试

15. 下列叙述中错误的是（　　　）。
   A. 启动 Visual Basic 进入编程环境后，工具箱中只有内部控件
   B. 启动 Visual Basic 进入编程环境后，窗口中会自动建立名为 Forml 的窗体
   C. 启动 Visual Basic 进入编程环境后，属性窗口一定同时打开
   D. 启动 Visual Basic 进入编程环境后，只要存盘就会生成一个工程文件

16. 在窗体上画一个命令按钮，名称为 Command1，然后编写如下事件过程：
   Option Base 0
   Private Sub Command1_Click()
       Dim city As Variant
       city = Array("北京", "上海", "天津", "重庆")
       Print city(1)
   End Sub

程序运行后，如果单击命令按钮，则在窗体上显示的内容是（　　　）。

    A．空白　　　　　　B．错误提示　　　　　　C．北京　　　　　　D．上海

17. 下列事件过程运行后输出结果是（　　　）。

```
Private Sub Commandl_Click( )
Print Format $(123.456, ″###.##%″)
End Sub
```

    A．123.46%　　　　B．123.45%　　　　　C．123.456%　　　　D．12345.6%

18. 若要在图片框中绘制一个椭圆，使用的方法是（　　　）。

    A．Circle　　　　　B．Line　　　　　　　C．Point　　　　　　D．Pset

19. 下列程序段的执行结果为（　　　）。

```
a=″ABBACDDCBA″
For I=6 To 2 Step-2
    x=Mid(a,I,I)
    y=Left(a,I)
    z=Right(a,I)
    z= x & y & z
Next I
Print z
```

    A．ABC　　　　　　B．AABAAB　　　　　C．BBABBA　　　　　D．ABBABA

20. 定义过程语句中的<参数表列>可以是（　　　）。

    A．常量或变量名　　　　　　　　　　B．表达式或变量名

    C．数组元素或变量名　　　　　　　　D．变量名或数组名

21. 要使文本框只具有垂直滚动条，则就（　　　）。

    A．将其 Multiline 设置为 True，同时将 Scrollbars 属性设置为 0

    B．将其 Multiline 设置为 True，同时将 Scrollbars 属性设置为 1

    C．将其 Multiline 设置为 True，同时将 Scrollbars 属性设置为 2

    D．将其 Multiline 设置为 True，同时将 Scrollbars 属性设置为 3

22. 要使菜单项 MenuOne 在程序运行时失效，使用的语句是（　　　）。

    A．MenuOne. Visible=True　　　　　　B．MenuOne. Visible=False

    C．MenuOne. Enabled=True　　　　　　D．MenuOne. Enabled=False

23. 以下说法不正确的是（　　　）。

    A．使用 ReDim 语句可以改变数组的维数

    B．使用 ReDim 语句可以改变数组的类型

C. 使用 ReDim 语句可以改变数组每一维的大小

D. 使用 ReDim 语句可以对数组中的所有元素进行初始化

24. 在窗体上画一个名称为 Command1 的命令按钮和一个名称为 Text1 的文本框，然后编写如下事件过程：

```
Private Sub Command1_Click()
        n = Val(Text1.Text)
        For i = 2 To n
            For j = 2 To Sqr(i)
                If i Mod j = 0 Then Exit For
            Next j
            If j > Sqr(i) Then Print i
        Next i
End Sub
```

该事件过程的功能是（　　　　）。

A. 输出 n 以内的奇数　　　　　　　　B. 输出 n 以内的偶数

C. 输出 n 以内的素数　　　　　　　　D. 输出 n 以内能被 j 整除的数

25. 在窗体上建立通用对话框需要添加的控件是(　　　　)。

A. Data 控件　　　　　　　　　　　　B. Form 控件

C. CommonDialog 控件　　　　　　　　D. VBComboBox 控件

26. 多分支选择结构的 Case 语句中"变量值列表"不能是（　　　　）。

A. 常量值的列表，如 Case1,3,5　　　　B. 变量名的列表，如 Case x,y,z

C. To 表达式，如 Case 10 To 20　　　　D. Is 关系表达式，如 Case Is<20

27. 在窗体上画一个名称为 text1 的文本框和一个名称为 label1 的标签，要求如下程序运行时，在文本框中输入的内容立即在标签中显示，在下划线上填入的内容是（　　　　）。

```
Private Sub Text1_____
Label1.Caption=Text1.Text
End Sub
```

A. Focus　　　　　B. Click　　　　　C. Chang　　　　　D. LostFocus

28. 执行以下程序段

```
a$ ="abbacddcba"
For i= 6 To 2 Step − 2
        X = Mid(a, i,i)
        Y=Left(a, i)
        z=Right(a, i)
        z=UCase(X & Y &z)
```

```
Next i
Print z
```
输出结果为（　　　）

A. ΛBC　　　　　　B. BBABBA　　　　　C. ABBABA　　　　D. AABAAB

29. 已知 x 代表某个百分制成绩，下列程序段用于显示对应的五级制成绩，正确的是（　　　）。

A.
```
If x > = 60 Then
    Print "及格"
ElseIf x > = 70 Then
    Print "中"
ElseIf x > = 80 Then
    Print "良"
ElseIf x > = 90 Then
    Print "优"
Else
    Print "不及格"
End If
```

B.
```
If x < 90 Then
    Print "良"
ElseIf x < 80 Then
    Print "中"
ElseIf x < 70 Then
    Print "及格"
ElseIf x < 60 Then
    Print "不及格"
Else
    Print "优"
End If
```

C.
```
If x > = 90 then
    Print "优"
ElseIf x > = 80 Then
    Print "良"
ElseIf x > = 70 Then
    Print "中"
ElseIf x > = 60 Then
    Print "及格"
Else
    Print "不及格"
End If
End Select
```

D.
```
Select Case x
    Case x > = 90
        Print "优"
    Case x > = 80
        Print "良"
    Case x > = 70
        Print "中"
    Case x > = 60
        Print "及格"
    Case Else
        Print "不及格"
```

30. 单击命令按钮时，下列程序段的执行结果为（　　　）。
```
Private Sub Commandl_Click( )
    Print Myfunc(24,18)
End Sub
Public Function MyFunc(m As Integer,n As Integer)As Integer
    Do While m<>n
Do While m>n:m=m-n:Loop
Do While m<n:n=n-m:Loop
    Loop
MyFunc=m
```

— 148 —

End Function

A. 2　　　　　　　　B. 4　　　　　　　　C. 6　　　　　　　　D. 8

31. 设一个工程由两个窗体组成，其名称分别为 Form1 和 Form2，在 Form1 上有一个名称为 Command1 的命令按钮。窗体 Form1 的程序代码如下：

```
Private Sub Command1_Click()
    Dim a As Integer
    a=10
    Call g(Form2, a)
End Sub

Private Sub g(f As Form, x As Integer)
    y=IIf(x> 10, 100, -100)
    f.Show
    f.Caption =y
End Sub
```

运行以上的程序，正确的结果是（　　　）。

A. Form1 的 Caption 属性值为 100　　　　B. Form2 的 Caption 属性值为 -100

C. Form1 的 Caption 属性值为 -100　　　　D. Form2 的 Caption 属性值为 100

32. 执行下列程序后，变量 a 的值为（　　　）。

```
Dim i As Integer
Dim a As Integer
a=0
For i=1   To 100 Step 2
    a=a+1
Next i
```

A. 1　　　　　　　　B. 10　　　　　　　　C. 50　　　　　　　　D. 100

33. 设 a="a"，b="b"，c="c"，d="d"，执行语句 x=IIf((a < b) Or (c > d), "A","B")后，x 的值为（　　　）。

A. "a"　　　　　　　B. "b"　　　　　　　C. "B"　　　　　　　D. "A"

34. 用 Print 方法在 Form1 窗体中显示出 4 个星号的正确代码为（　　　）。

A. Debug.Print ″ **** ″　　　　　　　　B. Print****

C. Form1_Print ″ **** ″　　　　　　　　D. Form1.Print ″ **** ″

35. 表达式 X+1>X 是（　　　）。

A. 算术表达式　　　　　　　　　　　　B. 非法表达式

C. 字符串表达式　　　　　　　　　　　D. 关系表达式

二、填空题

请将答案分别写在答题卡中序号为【1】至【15】的横线上，答在试卷上不得分。

1．数据管理技术发展过程经过人工管理、文件系统和数据库系统三个阶段，其中数据独立性最高的阶段是【1】。

2．在 Select case 结构中，使用"To 表达式"来指定一个范围时，必须把【2】的值写在前面。

3．一个控件在窗体上的位置由【3】和 Top 属性决定。

4．在 VB6.0 中，要显示程序代码，必须在【4】窗口。

5．程序测试分为静态分析和动态测试。其中【5】是指不执行程序，而只是对程序文本进行检查，通过阅读和讨论，分析和发现程序中的错误。

6．用窗体的 Caption 属性可以设置窗体的【6】。

7．若要求在菜单中包含分隔条，则设计时，在菜单的标题属性中应设置为【7】。

8．设窗体中已经加入了文件列表框（File1）、目录列表框（Dir1）、驱动器列表框（Drive1），完成下列程序使这三个控件可以同步变化。
```
Private Sub Dir1_Change( )
 【8】
End Sub
Private Sub File1_Click( )
MsgBox File1.FileName
End Sub
```

9．打开"部件"对话框的另一种方法是单击主菜单中的【9】菜单项，然后在弹出的下拉菜单中选择【10】子菜单。

10．要将窗体定义成一个对话框，且具有以下属性：包含控制菜单框和标题栏，不包含最大化和最小化按钮，运行时不能改变尺寸。可以将窗体的 BorderStyle 属性设置为【11】。

11．过程(Sub)和函数(Function)二者中，【12】可以直接返回值。

12．在执行 KeyPress 事件过程时，KeyAscii 是所按键的【13】值。对于有上档字符和下档字符的键，当执行 KeyDown 事件过程时，KeyCode 是【14】字符的 ASCII 值。

13. 下列程序的功能是：将数据 1，2，…，8 写入顺序文件 Num．txt 中，请填空。

```
Private Sub Form_Click()
    Dim i As Integer
    Open ″Num．txt″ For Output As #1
    For i=1 To 8
        【15】
    Next i
    Close #1
End Sub
```

第 17 套

一、选择题

下列各题 A、B、C、D 四个选项中，只有一个选项是正确的，请将正确选项涂写在答题卡相应位置上，答在试卷上不得分。

1. Visual Basic 是一种面向对象的程序设计语言，构成对象的三要素是（　　）。
   A. 属性、控件和方法
   B. 属性、事件和方法
   C. 窗体、控件和过程
   D. 控件、过程和模块

2. 下列数据结构中，能用二分法进行查找的是（　　）。
   A. 顺序存储的有序线性表
   B. 线性链表
   C. 二叉链表
   D. 有序线性链表

3. 下面四个选项，不是窗体属性的是（　　）。
   A. MinButton
   B. MaxButton
   C. Caption
   D. Load

4. 在 Visual Basic 环境下，当写一个新的 Visual Basic 程序时，所做的第一件事是（　　）。
   A. 编写代码
   B. 新建一个工程
   C. 打开属性窗口
   D. 进入 Visual Basic 环境

5. 下列可以打开立即窗口的操作是（　　）。
   A. Ctrl+D
   B. Ctrl+E
   C. Ctr1+F
   D. Ctrl+G

6. 如果 Form1 是启动窗体，并且 Form1 的 Load 事件过程中有 Form2.Show，则程序启动后（　　）。
   A. 发生一个运行时错误
   B. 发生一个编译时错误
   C. 在所有的初始化代码运行后 Form1 是活动窗体
   D. 在所有的初始化代码运行后 Form2 是活动窗体

7. 与 Form1.Show 方法效果相同的是（　　）。
   A. Form1. Visible = True
   B. Form1. Visible = False
   C. Visible. Form1 = True
   D. Visible. Form1 = False

8. 窗体的 Enable 属性的值是（　　）类型的数据。
   A. 整型
   B. 字符型

C. 逻辑型　　　　　　　　　　　D. 实型

9. 关于 MDI 窗体下列说法正确的是（　　　）。
   A. 一个应用程序可以有多个 MDI 窗体
   B. 子窗体可以移到 MDI 窗体以外
   C. 不可以在 MDI 窗体上放置按钮控件
   D. MDI 窗体的子窗体不可以拥有菜单

10. 假定在窗体上建立一个通用对话框，其名称为 CommonDialog1，用下面的语句可以建立
    一个对话框：
    CommonDialog1.Action=4
    与该语句等价的语句是（　　　）。
    A. CommonDialog1.ShowOpen　　　　B. CommonDialog1.ShowFont
    C. CommonDialog1.ShowColor　　　　D. CommonDialog1.ShowSave

11. 在设计应用程序时，通过（　　　）窗口可以查看到应用程序工程中的所有组成部分。
    A. 代码窗口　　　　　　　　　　B. 窗体设计窗口
    C. 属性窗口　　　　　　　　　　D. 工程资源管理器窗口

12. 有以下程序：
```
Sub subP(b() As Integer)
        For i = 1 To 4
            b(i) = 2 * i
        Next i
End Sub


Private Sub Command1_Click()
        Dim a(1 To 4) As Integer
        a(1) = 5
        a(2) = 6
        a(3) = 7
        a(4) = 8
        subP a()
        For i = 1 To 4
            Print a(i)
        Next i
End Sub
```
运行上面的程序，单击命令按钮，输出结果为（　　　）。
A. 2　　　　　　B. 5　　　　　　C. 10　　　　　　D. 出错
　4　　　　　　　　6　　　　　　　12

| 6 | 7 | 14 |
| 8 | 8 | 16 |

13. 鼠标移动经过控件时，将触发控件的（   ）事件。

    A. MouseDown   B. MouseUp   C. MouseMove   D. Click

14. 当窗体启动时可通过（   ）属性控制窗体位于所有者的中心位置。

    A. MDIChild   B. LinkMode   C. WindowState   D. StartUpPosition

15. 下列程序段的执行结果为（   ）。

```
I=4
x=5
Do
    I=I + 1
    x=x + 2
Loop Until I>=7
Print " I=" ; I
Print " x=" ; x
```

    A. I=4   x=5   B. I=7   x=15

    C. I=6   x=8   D. I=7   x=11

16. 设在窗体上有一个名称为 Commandl 的命令按钮，并有以下事件过程：

```
Private Sub Commandl_Click()
    Static b As Variant
    b=Array(1,3,5,7,9)
    ……
End Sub
```

此过程的功能是把数组 b 中的 5 个数逆序存放（即排列为 9，7，5，3，1）。为实现此功能，省略号处的程序段应该是（   ）。

    A. For i=0 To   5-1\2   B. For i=0 To 5

      tmp=b(i)   tmp=b(i)

        b(i)=b(5-i-1)   b(i)=b(5-i-1)

        b(5-i-1)=tmp   b(5-i-1)=tmp

      Next   Next

    C. For i=0 To 5\2   D. For i=1 To 5\2

        tmp=b(i)   tmp=b(i)

        b(i)=b(5-i-1)   b (i)=b(5-i-1)

        b(5-i-1)=tmp   b(5-i-1)=tmp

      Next   Next

17. 下面的数组声明语句中（　　　）是正确的。

    A．Dim A[3,4]As Integer   B．Dim A(3,4)As Integer

    C．Dim A[3;4]As Integer   D．Dim A[3;4]As Integer

18. 从键盘上输入一个实数 nu，利用字符串函数对该数进行处理，如果输出的内容不是字符
End，则程序输出的内容是（　　　）。

nu=InputBox(″nu=″)

n$=Str$(nu)

p=InStr(n$,″.″)

if p>0 Then

Print Mid$(n$,p)

Else

Print″END″

End If

    A．用字符方式输出数据 nu

    B．输出数据的整数部分

    C．输出数据的小数部分

    D．只去掉数据中的小数点，保留所有数字输出

19. 在窗体上画一个名称为 Command1 的命令按钮，然后编写如下事件过程：

Private Sub Command1_Click()

    Dim a As Integer, s As Integer

    a = 8

    s = 1

    Do

        s = s + a

        a = a - 1

    Loop While a <= 0

    Print s, a

End Sub

程序运行后，单击命令按钮，则窗体上显示的内容是（　　　）。

    A．7　9   B．34　0   C．9　7   D．死循环

20. 在 Visual Basic 中语句的续行符采用（　　　）。

    A．空格与短线   B．短线与空格

    C．空格与下划线   D．下划线与空格

21. 产生[10，37]之间的随机整数的 Visual Basic 表达式是（　　　）。

    A．Int(Rnd(1) * 27) + 10   B．Int(Rnd(1) *28) + 10

    C．Int(Rnd(1) *27) +11   D．Int(Rnd(1) *28) +11

22. 单击命令按钮时，下列程序代码的执行结果为（　　　）。

```
Private Function FirProc(x As Integer,y As Integer,z As Integer )
        FirProc=2*x+y+3*z
End Function
Private Function SecProc(x As Integer,y As Integer,z As Integer)
        SecProc=FirProc(z,x,y)+x
End Function
Private Sub Command1_Click( )
Dim a As Integer
Dim b As Integer
Dim c As Integer
a=2
b=3
c=4
Printf SecProc(c,b,a)
End Sub
```

  A．21   B．19   C．17   D．34

23. 下列各种窗体事件中，不能由用户触发的事件是（　　　）。

  A．Load 事件和 Unload 事件   B．Click 事件和 Unload 事件
  C．Click 事件和 DblClick 事件   D．Load 事件和 Initialize 事件

24. 在窗体上画一个名称为 Command1 的命令按钮，然后编写如下程序：

```
Private Sub Command1_Click( )
Dim x As Integer
Static y As Integer
Cls
x=x+5
y=y+3
Print x,y
End Sub
```

  程序运行时，两次单击命令按钮 Command1 后，窗体显示的结果是（　　　）。

  A．10　6   B．5　6   C．5　3   D．10　3

25. 编写如下事件过程：

```
Private Sub Form_MouseDown (Button As Integer, Shift As Integer, X As Single, Y As Single)
  If Shift = 6 and Button then
    Print"Hello"
  End if
```

End Sub

程序运行后，为了在窗体上输出"Hello"，应在窗体上执行以下（　　）操作。

A．同时按下 Shift 键和鼠标左键　　　　B．同时按下 Shift 键和鼠标右键

C．同时按下 Ctrl、Alt 和鼠标左键　　　　D．同时按下 Ctrl、Alt 和鼠标右键

26．下列程序段的执行结果为（　　　）。

```
For X=5 To l Step -1
    For Y=1 To 6-x
        Print Tab(Y+5); ″*″;
    Next Y
    Print
Next X
```

A．＊＊＊＊＊
＊＊＊＊
＊＊＊
＊＊
＊

B．＊＊＊＊＊
＊＊＊＊
＊＊＊
＊＊
＊

C．＊
＊＊
＊＊＊
＊＊＊＊
＊＊＊＊＊

D．　　　＊
＊　＊　＊
＊　＊　＊　＊　＊
＊　＊　＊　＊　＊　＊　＊
＊　＊　＊　＊　＊　＊　＊　＊　＊

27．当条件为 $5<x<10$ 时，则 x=x+1,则以下语句正确的是（　　　）。

A．if $5<x<10$ Then x=x+1

B．if $5<x$ or $x<10$ Then x=x+1

C．if $5<x$ and $x<10$ Then x=x+1

D．if$5<x$ or $x<10$ Then x=x+1

28．函数 Int（Rnd*6+1）的取值范围是（　　　）。

A．从 1 到 7 共 7 个整数　　　　　　B．从 0 到 7 共 8 个整数

C．从 1 到 6 共 6 个整数　　　　　　D．从 0 到 6 共 7 个整数

29．执行以下程序段后，x 的值为（　　　）。

```
Dim x As Integer, i As Integer
x=0
For i=20 To 0 Step -2
    x=x+i\5
Next i
```

A. 16　　　　　　B. 17　　　　　　C. 18　　　　　　D. 19

30. 下列程序段的执行结果为（　　　）。
    A=″HELLOGOODMORNING″
    B=″WANGCHANGLI″
    C=Left(A,5)+″！″
    D=Right(A,7)
    E=Mid(A,6,4)
    F=Mid(B,Len(B)-6,5)+″！″
    G=E+″　″+D+″！″
    H=C+″　″+F
    Print H+″　″+G
    A. HELLO!CHANG!GOOD MORNING!
    B. HELLO!WANG! GOOD MORNING!
    C. HELLO!LI!GOOD MORNING！
    D. HELLO!CHANG!GOOD!MORNING!

31. 设定文本框内的文字内容是否允许修改的属性是（　　　）。
    A. Text　　　　　　　　　　　　B. Locked
    C. PasswordChar　　　　　　　　D. Multiline

32. 在窗体上画一个命令按钮，然后编写如下事件过程：
    Private Sub Command1_Click( )
    　　　　　A=″12″
    　　　　　B=″34″
    　　　　　C=″56″
    　　　　　Print A+B+C
    End Sub
    程序运行后，单击命令按钮，输出结果是（　　　）。
    A. ″123456″　　　　　　　　　　B. 123456
    C. 102　　　　　　　　　　　　　D. 显示出错信息

33. 可以用 InputBox 函数产生"输入对话框"。若执行下列语句
    st$=InputBox(″请输入字符串″,″字符串对话框″,″字符串″)
    当用户输入完毕，按"确定"按钮后，st$变量的内容是（　　　）。
    A. 字符串　　　　　　　　　　　B. 请输入字符串
    C. 字符串对话框　　　　　　　　D. 用户输入内容

34. 以下关于 KeyPress 事件过程中参数 KeyAscii 的叙述中正确的是（　　　）
    A. KeyAscii 参数是所按键的 ASCII 码

B. KeyAscii 参数的数据类型为字符串

C. KeyAscii 参数可以省略

D. KeyAscii 参数是所按键上标注的字符

35. Visual Basic 是一种面向对象的程序设计语言，构成对象的三要素是（　　　）。

    A. 属性、事件、方法　　　　　　　　B. 控件、属性、事件

    C. 窗体、控件、过程　　　　　　　　D. 窗体、控件、模块

二、填空题
请将答案分别写在答题卡中序号为【1】至【15】的横线上，答在试卷上不得分。

1. 图案■表示【1】。

2. 要选择多个不相邻的控件，按住【2】或 SHIFT 键不放，再单击要选择的控件。

3. 语句 Print 5*5 \5/5 的输出结果是【3】。

4. 表达式 Fix(-12.08)+Int(-23.82)的值为【4】。

5. 数据独立性分为逻辑独立性与物理独立性。当数据的存储结构改变时，其逻辑结构可以不变，因此，基于逻辑结构的应用程序不必修改，称为【5】。

6. 在程序运行时，如果将框架的 【6】 属性设为 False，则框架的标题呈灰色，同时框架内的所有对象均被屏蔽，不允许用户对其进行操作。

7. VB6.0 保存工程文件的快捷键是【7】。

8. 扩展名为.bas 的文件称为【8】。

9. 图像框控件使用系统资源比图片框 【9】。

10. 在窗体上画一个名称为 Combo1 的组合框，然后画两个名称分别为 Label1、Label2，标题分别为"城市名称"和空白的标签。程序运行后，在组合框中输入一个新项目并按回车键，如果输入的项目在组合框的列表中不存在，则自动将其添加到组合框的列表中，并在 Label2 中给出提示"已成功添加新输入项"，如下图所示。如果输入的项目已存在，则在 Label2 中给出提示"输入项已在组合框中"。请填空。

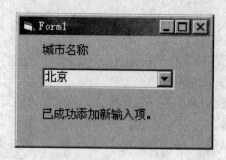

```
Private Sub Combo1_KeyPress(KeyAscii As Integer)
    If KeyAscii = 13 Then
        For i = 0 To Combo1.ListCount - 1
            If Combo1.Text =  【10】  Then
                Label2.Caption = "输入项已在组合框中"
                Exit Sub
            End If
        Next i
        Label2.Caption = "已成功添加新输入项"
        Combo1. 【11】   Combo1.Text
    End If
End Sub
```

11. 以下程序的功能是将字符串"12345"逆序打印出来。请在画线处填上适当的内容使程序完整。

```
Function rev(new1)As String
b=Mid( 【12】 ,1,1)
if b=" "then
rev=" "
else
    rev=rev(Mid(new1,2))+ 【13】
end if
End Function
Private Sub Form_Click( )
old=" 12345"
Print old
Print rev(old)
End Sub
```

12. 以下程序代码实现单击命令按钮 Command1 时生成 20 个（0，100）之间的随机整数，存于数组中，打印数组中大于 50 的数，并求这些数的和。

```
Private Sub Command.Click( )
```

```
Dim arr(1 To 20)
For i= 1 To 20
    arr(i)=【14】
    Textl.Text=Textl.Text & arr(i)& Chr (13) & chr(10)
Next i
Sum=0
For Each x In arr
    If x>50 Then
        Print Tab(20);x
        Sum=【15】
    End If
Next x
    Print Tab(20);  ″ Sum= ″ ;Sum
    End Sub
```

第 18 套

一、选择题

下列各题 A、B、C、D 四个选项中，只有一个选项是正确的，请将正确选项涂写在答题卡相应位置上，答在试卷上不得分。

1. 确定复选框是否选中，可访问的属性是（　　　）。
   A. Value
   B. Checked
   C. Selected
   D. Caption

2. 下列说法中正确的是（　　　）。
   A. 对象属性只能在"属性窗口"中设置
   B. 一个新的工程可以在"工程窗口"中建立
   C. 必须先建立一个工程，才能开始设计应用程序
   D. 只能在"代码窗口"中编写程序代码

3. 不能打开属性窗口的操作是（　　　）。
   A. 单击工具栏中的"属性窗口"按钮
   B. 选取"视图"菜单中的"属性窗口"子菜单项
   C. 在对象上单击右键，从弹出的快捷菜单中选择"属性窗口"选项
   D. 选取"工程"菜单中的"属性窗口"子菜单项

4. 用 InputBox 函数设计的对话框，其功能是（　　　）。
   A. 能接收用户输入的数据，但不会返回任何信息
   B. 能接收用户输入的数据，并能返回用户输入的信息
   C. 既能用于接收用户输入的信息，又能用于输出信息
   D. 专门用于输出信息

5. 下列叙述中正确的是（　　　）。
   A. 软件测试应该由程序开发者来完成
   B. 程序经调试后一般不需要再测试
   C. 软件维护只包括对程序代码的维护
   D. 以上三种说法都不对

6. 窗体文件中的信息是（　　　）和其他信息。
   A. 窗体的形状及其特征
   B. 窗体中控件的形状及其特性
   C. 窗体及其控件的属性
   D. 运行窗体的代码

7. 下面关于 Visual Basic 6.0 工具栏的说法不正确的是（　　　）。
   A．工具栏的位置可以任意改变
   B．工具栏一定在菜单栏的下方
   C．工具栏可以显示或隐藏
   D．Visual Basic 有多个工具栏

8. 为了用键盘打开菜单和执行菜单命令，第一步应按的键是（　　　）。
   A．功能键 F10 或 Alt 键
   B．Shift+功能键 F4
   C．Ctrl 或功能键 F8
   D．Ctrl+Alt 键

9. 设有如下三个关系表

R
A
m
n

S	
B	C
1	3

T		
A	B	C
m	1	3
n	1	3

   下列操作中正确的是（　　　）。
   A．T=R∩S
   B．T=R∪S
   C．T=R×S
   D．T=R/S

10. 下列 4 项对 InputBox 函数的使用说明，不正确的是（　　　）。
    A．每执行一次 InputBox 函数，只能输入一个值
    B．函数值必须赋给一个变量
    C．InputBox 函数的 Prompt 参数不能缺省
    D．若单击 InputBox 函数产生的对话框中的"取消"按钮，将不会返回函数值

11. 在窗体上画一个命令按钮和两个标签，其名称分别为 Command1、Label1 和 Label2，然后编写如下事件过程：

```
Private Sub Command1_Click()
    a = 0
    For i = 1 To 10
        a = a + 1
        b = 0
        For j = 1 To 10
            a = a + 1
            b = b + 2
        Next j
    Next i
    Label1.Caption = Str(a)
    Label2.Caption = Str(b）
```

End Sub

程序运行后，单击命令按钮，在标签 Label1 和 Label2 中显示的内容分别是（　　　）。

A．10 和 20　　　　　B．20 和 110　　　　　C．200 和 110　　　　　D．110 和 20

12. InputBox 函数返回值的类型是（　　　）。

A．数值

B．字符串

C．数值或字符串(视输入的数据而定)

D．变体

13. 将数学表达式 $\cos^2(a+b)+5e^2$ 写成 Visual Basic 的表达式，其正确的形式是（　　　）。

A．cos(a+b)^2+5*exp(2)

B．cos^2(a+b)+5*exp(2)

C．cos(a+b)^2+5*ln(2)

D．cos^2(a+b)+5*ln(2)

14. 代数式 $|e^3+\lg y1+\text{arctg} y2|$ 对应的 Visiual Basic 表达式是（　　　）。

A．Abs(E^3 + Log(Y1) + 1/Tg(Y2))

B．Abs(Exp(3) + Log(Y1)/Log(10) + Atn(Y2))

C．Abs(Exp(3) + Log(Y1) + 1/Atn(Y2))

D．Abs(Exp(3) + Log(Y1) + 1/Atn(X))

15. 下列程序运行时，两次单击窗体后，显示的结果是（　　　）。

```
Private Sub Form_Click( )
Dim b As Integer
Static c As Integer
b=b+2
c=c+2
Print″ b=″；b；″c=″；c
End Sub
```

A．b=2　c=2　　　　　B．b=2　c=2　　　　　C．b=2　c=2　　　　　D．b=2　c=2

　　b=2　c=2　　　　　　　b=4　c=4　　　　　　　b=2　c=4　　　　　　　b=4　c=2

16. 假定有下面的过程：

```
Function Func(a As Integer,b As Integer)As Integer
Static m As Integer,i As Integer
m=0
i=2
i=i+m+1
m=i+a+b
Func=m
End Function
```

在窗体上画一个命令按钮，然后编写如下事件过程：

```
Private Sub Command1_Click( )
```

```
Dim k As Integer,m As Integer
Dim p As Integer
k=4
m=1
p=Func(k,m)
Print p;
p=Func(k,m)
Print p
End Sub
```
程序运行后，单击命令按钮，输出结果为（   ）。

A. 8　17　　　　　B. 8　16　　　　　C. 8　20　　　　　D. 8　8

17. 在 Activate 事件过程中，写入下面的程序：
```
Private Sub Form_Activate ( )
Dim S As String, a As String, b As String
a = " * " : b = " $ "
For i = 1 To 4
If i / 2 = Int (i / 2) Then
S = String (Len (a) + i,b)
Else
S = String (Len (a) + i,a)
End If
Print S;
Next i
End Sub
```
运行程序后，显示的结果是（   ）。

A. $$***$$$*****

B. *$$***$$***$$$*****$$$$

C. **$$$*****$$$$$

D. $*$$***$$***$$$****

18. 窗体上有一个命令按钮和一个列表框（Sorted 属性为 True），执行下列过程后的输出结果是（   ）。
```
Private Sub Command1_Click( )
List1.AddItem " China "
List1.AddItem " Great "
List1.AddItem " Is ",1
List1.AddItem " ! ",3
Print List1.List(2)
End Sub
```
A. China　　　　　B. Great　　　　　C. Is　　　　　D. !

— 165 —

19. 设有如下程序：

```
Private Sub Command1_Click()
    Dim sum As Double, x As Double
    sum = 0
    n = 0
    For i = 1 To 5
        x = n / i
        n = n + 1
        sum = sum + x
    Next
End Sub
```

该程序通过 For 循环计算一个表达式的值，这个表达式是（　　　）。

A．1+l/2+2/3+3/4+4/5 　　　　　　B．1+1/2+2/3+3/4

C．1/2+2/3+3/4+4/5 　　　　　　　D．1+1/2+1/3+1/4+1/5

20. 单击一次命令按钮之后，下列程序段的执行结果为（　　　）。

```
Pubic Sub Proc(a( ) As Integer)
    Static i As Integer
    Do
        a(i)=a(i)+a(i+1)
        i=i+1
    Loop While i<2
End Sub
Private Sub Commandl_Click( )
    Dim m As Integer,i As Integer,x(10)As Integer
    For i=0 To 4:x(i)=i+1:Next i
    For i=1 To 2:Call Proc(x ()):Next i
    For i=0 To 4:Print x(i);Next i
End Sub
```

A．3　4　7　5　6 　　　　　　　B．3　5　7　4　5

C．1　2　3　4　5 　　　　　　　D．1　2　3　5　7

21. 在窗体上画一个命令按钮（其 Name 属性为 Command1），然后编写如下代码：

```
Option Base 1
Private Sub Command1_Click()
    Dim a
    s = 0
    a = Array(1,2,3,4)
    j = 1
    For i = 4 To 1 Step –1
```

```
        s = s + a(i)* j
        j = j * 10
    Next i
    Print s
End Sub
```

运行上面的程序，单击命令按钮，其输出结果是（   ）。

A. 4321   B. 1234   C. 34   D. 12

22. 在窗体上画一个名称为 Command1 的命令按钮，然后编写如下事件过程：

```
Private Sub Command1_Click()
    c = 1234
    c1 = Trim(Str(c))
    For i = 1 To 4
        Print ___
    Next
End Sub
```

程序运行后，单击命令按钮，要求在窗体上显示如下内容

1

12

123

1234

则在下划线处应填入的内容为（   ）。

A. Right(c1,i)   B. Left(c1,i)

C. Mid(c1,i,1)   D. Mid(c1,i,i)

23. 定义含有 10 个元素的单精度实型一维数组正确的语句是（   ）。

A. Dim a(9)as Single   B. Option Base 1 :Dim a(9)

C. Dim a#(9)   D. Dim a(10) As Integer

24. 下列说法正确的是（   ）。

A. 任何时候都可以使用标准工具栏的"菜单编辑器"按钮打开菜单编辑器

B. 只有当代码窗口为活动窗口时，才能打开菜单编辑器

C. 只有当某个窗体为活动窗体时，才能打开菜单编辑器

D. 任何时候都可以使用"工具"菜单下的"菜单编辑器"命令，打开菜单编辑器

25. 使用语句 Dim A As Integer 声明数组 A 之后，以下说法正确的是（   ）。

A. A 数组中所有元素值为 0

B. A 数组中的所有元素值不确定

C. A 数组中的所有元素值为 Empty

D. 执行 EraseA 后，A 数组中的所有元素值为 0

26. 要从自定义对话框 Form2 中退出，可以在该对话框的"退出"按钮 Click 事件过程中使用（　　）语句。

    A．Form2. Unload
             B．UnloadForm2

    C．Hide. Form2
              D．Form2. Hide

27. 下列叙述中正确的是（　　）。

    A．Visual Basic 与 Basic 没有什么不同

    B．Visual Basic 与 Basic 的编程机制不同

    C．Visual Basic 是过程设计语言

    D．Visual Basic 与 Basic 两种之间没有什么联系

28. 假定窗体有一个标签，名为 Label1，为了使该标签透明并且没有边框，正确的属性设置为（　　）。

    A．Label1.BackStyle=0　　　Label1.BorderStyle=0

    B．Label1.BackStyle=1　　　Label1.BorderStyle=1

    C．Label1.BackStyle=True　　　Label1.BorderStyle=True

    D．Label1.BackStyle=False　　　Label1.BorderStyle=False

29. 假设变量 bool_x 是一个布尔型(逻辑型)的变量，则下面正确的赋值语句是（　　）。

    A．bool_x=〞False〞
             B．bool_x=. False.

    C．bool_x = #False#
            D．bool_x = False

30. 下面的程序运行结果是（　　）。

```
Private Sub Form _ Click ( )
    i=0
    Do
        i=i+1
        if i > 10 then Exit Do
    Loop Until i < 10
    Print i
End Sub
```

    A.0
             B．1
             C．10
             D．11

31. 在下面各关系中，当 X 取小数或负数时都能成立的式子是（　　）。

    A．Int(X)>=Abs(X)
           B．Int(X)=Abs(x)

    C．Int(X)<Abs(X)
           D．Int(X)<>Abs(X)

32. 如果在 c 盘当前文件夹下已存在名称为 studata.dat 的顺序文件，那么执行语句 Open〞c:studata.dat〞For Append As # 1 之后，将（　　）。

A. 删除文件中原有内容

B. 保留文件中原有内容，并在文件尾添加新内容

C. 保留文件中原有内容，并在文件头添加新内容

D. 以上均不对

33. 在菜单编辑器中建立 1 个名称为 Menu0 的菜单项，将其"可见"属性设置为 False，并建立其若干子菜单，然后编写如下过程：

```
Private Sub Form_MouseDown(Button As Integer, Shift As Integer, X As Single, Y As Single)
    If   Button = 1 Then
            PopupMenu Menu0
    End If
End Sub
```

则以下叙述中错误的是（   ）。

A. 该过程的作用是弹出一个菜单

B. 单击鼠标右键时弹出菜单

C. Menu0 是在菜单编辑器中定义的弹出菜单的名称

D. 参数 X、Y 指明鼠标当前位置的坐标

34. 下面 4 个语句中，能打印显示 20*30 字样的是（   ）。

A. Print″20*30″   B. Prin 20*30

C. Print Chr$(20)+ ″*″+Chr$(30)   D. Print Val（″20″）*VaL（″30″）

35. MsgBox 函数用于显示提示信息，关于函数返回值的说明正确的是（   ）。

A. 函数的返回值是提示信息的数据类型

B. 函数的返回值是提示信息的数据长度

C. 函数的返回值是整数，指示按下哪个按钮

D. 函数的返回值是符号常量，指示按下哪个按钮

二、填空题

请将答案分别写在答题卡中序号为【1】至【15】的横线上，答在试卷上不得分。

1. 对随机文件数据存取是以【1】为单位进行操作的。

2. 对长度为 10 的线性表进行冒泡排序，最坏情况下需要比较的次数为【2】。

3. 在关系模型中，把数据看成是二维表，每一个二维表称为一个【3】。

4. 窗体、图片框或图像框中的图形通过对象的【4】属性设置。

5. 变量未赋值时，数值型变量的值为【5】，字符串变量的值为空串。

6. 事件的方法是用于【6】。

7. LOF 函数的功能是返回某文件的字节数，LOF（2）是返回【7】。

8. 下列程序运行时，若输入 123，输入对话框的提示信息是【8】。
   Private Sub Command1_Click( )
   X1=InputBox(〞请输入〞)
              MsgBox(X1)
   End Sub

9. 在窗体上画一个名称为"Command1"的命令按钮，然后编写如下事件过程：
   Private Sub Command1_Click()
       Dim a As String
       a = "123456789"
       For i = 1 To 5
           Print Space(6 - i); Mid$(a,   【9】   , 2 * i - 1)
       Next i
   End Sub
   程序运行后，单击命令按钮，窗体上的输出结果是如下，请填空。
        5
       456
      34567
     2345678
   123456789

10. 在窗体模块的声明段中用 Public 定义的变量可以在【10】模块中使用，而用 Dim 或 Private
    关键字定义的变量可以在【11】模块中使用。

11. 下面程序的功能是找出能够被 13、23、43 除余数分别为 1、2、3 的最小的两位正整数。
    请填空。
    Private Sub Form_ Click( )
        Dim i As Integer,j As Integer
        j=0
        j =43 +3
        Do
             j=j+1
             if【12】 then
                 print j
                 i=i+1

— 170 —

```
          end if
      Loop 【13】
    End Sub
```

12. 在窗体上画一个名称为 Combo1 的组合框,画两个名称分别为 Label1 和 Label2 及 Caption
    属性分别为 "城市名称" 和空白的标签。程序运行后,当在组合框中输入一个新项后按
    回车键 (ASCII 码为 13) 时,如果输入的项在组合框的列表中不存在,则自动添加到组
    合框的列表中,并在 Label2 中给出提示 "已成功添加输入项",如果存在,则在 Label2
    中给出提示 "输入项已在组合框中"。如下图所示:

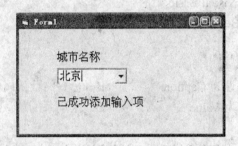

请将程序补充完整。

```
Private Sub Combol 【14】 (KeyAscii As Integer)
    If KeyAscii =13 Then
        For i = 0 To Combo1.ListCount-1
        If Combo1.Text = 【15】 then
        Label2.Caption = "输入项已在组合框中"
        Exit Sub
        End lf
        Next i
      Label2.Caption="已成功添加输入项"
      Combo1. AddItem Combo1.Text
    End If
End Sub
```

第 19 套

一、选择题

下列各题 A、B、C、D 四个选项中，只有一个选项是正确的，请将正确选项涂写在答题卡相应位置上，答在试卷上不得分。

1. 下列符号（　　）是 Visual Basic 中的合法变量名。
   A. x23 　　　　　 B. 8xy 　　　　　 C. END 　　　　　 D. X8[B]

2. 下列叙述不正确的是（　　）。
   A. 命令按钮的默认属性为 Caption 　　　　 B. 标签的默认属性为 Caption
   C. 复选框的默认属性为 Value 　　　　　 D. 滚动条的默认属性为 Value

3. 假定已经定义了一个过程 Sub Add(a As Single,b As Single)，则正确的调用语句是（　　）。
   A. Add 12,12 　　　　　　　　　 B. Call Add(2*x,sin(1.57))
   C. Call Add x,y 　　　　　　　　 D. Call Add(12,12,x)

4. 两个或两个以上模块之间关联的紧密程度称为（　　）。
   A. 耦合度 　　　 B. 内聚度 　　　 C. 复杂度 　　　 D. 数据传输特性

5. 在 E-R 图中，用来表示实体的图形是（　　）。
   A. 矩形 　　　 B. 椭圆形 　　　 C. 菱形 　　　 D. 三角形

6. 在程序运行期间，当滚运条的滑块被拖动时，则立即触发的滚动条事件是（　　）。
   A. Click 　　 B. Chang 　　 C. Scroll 　　 D. DblClick

7. 为了使列表框中的项目呈多列显示，需要设置的属性为（　　）。
   A. Columns 　　　　　　　　　 B. Style
   C. List 　　　　　　　　　　　 D. MultiSelect

8. 数据库技术的根本目标是要解决数据的（　　）。
   A. 存储问题 　　 B. 共享问题 　　 C. 安全问题 　　 D. 保护问题

9. 在窗体上添加一命令按钮，名为 Command，事件过程如下：
```
option base 1
Private Sub Command1_Click( )
        Dim a(4,4)As Variant
```

```
        For i=1 To 4
           For j=1 To 4
              a(i,j)=(i-1)*3+j
        Next i

        For i=3 To 4
           For j=3 To 4
                 Print a(i,j);
           Next j
           Print
        Next i
End Sub
```

该程序执行后，结果是（   ）。

A. 9   10   B. 7   10
   12   13   12   13
C. 9   12   D. 8   11
   10   13   9   12

10. Sub 过程与 Function 过程最根本的区别是（   ）。

A．Sub 过程可以使用 Call 语句或直接使用过程名调用，而 Function 过程不可以

B．Function 过程可以有参数，Sub 过程不可以

C．两种过程参数的传递方式不同

D．Sub 过程的过程名不能返回值，而 Function 过程能通过过程名返回值

11. 设置复选框或单选按钮的标题对齐方式的属性是（   ）。

A．Aligh   B．Style   C．Alignment   D．Sorted

12. 下列语句都是在 Form 中定义的，（   ）是错的。

A．Public Const A1=2u   B．Private Const A2=8

C．Public a3 As Integer   D．Private a4 As Integer

13. 以下关于过程及过程参数的描述中，错误的是（   ）。

A．过程的参数可以是控件名称

B．用数组作为过程的参数时，使用的是"传地址"方式

C．只有函数过程能够将过程中处理的信息传回到调用的程序中

D．窗体可以作为过程的参数

14. 目录列表框的 Path 属性的作用是（   ）。

A．显示当前驱动器或指定驱动器上的路径

B．显示当前驱动器或指定驱动器上的某目录下的文件名

C. 显示根目录下的文件名

D. 只显示当前路径下的文件

15. 软件设计包括软件的结构、数据接口和过程设计，其中软件的过程设计是指（　　　）。

A. 模块间的关系　　　　　　　　　　B. 系统结构部件转换成软件的过程描述

C. 软件层次结构　　　　　　　　　　D. 软件开发过程

16. 下列程序段的执行结果为（　　　）。

```
a=1
b=0
Select Case a
    Case 1
        Select Case b
            Case 0
                Print"* *0* *"
            Case 1
                Print"* *1* *"
        End Select
    Case 2
        Print"* *2* *"
End Select
```

A. ＊＊0＊＊　　　　B. ＊＊1＊＊　　　　C. ＊＊2＊＊　　　　D. 0

17. 在窗体上画一个文本框(其 Name 属性为 Text1)，然后编写如下事件过程：

```
Private Sub Form_Load()
Text1.Text="　"
Text1.SetFocus
For i = 1 To 9
Sum=Sum+i
Next i
Text1.Text=Sum
End Sub
```

上述程序的运行结果是（　　　）。

A. 在文本框 Text1 中输出 45　　　　B. 在文本框 Text1 中输出 0

C. 出错　　　　　　　　　　　　　　D. 在文本框 Text1 中输出不定值

18. 在窗体上画一个名称为 Command1 的命令按钮，然后编写如下事件过程：

```
Private Sub Command1_Click()
    For n = 1 To 20
        If n Mod 3 <> 0 Then    m = m + n \ 3
```

```
        Next n
        Print n
End Sub
```
程序运行后，如果单击命令按钮，则窗体上显示的内容是（　　　）。
A. 15　　　　　　B. 18　　　　　　C. 21　　　　　　D. 24

19. 以下关于变量作用域的叙述中，正确的是（　　　）。
    A. 窗体中凡被声明为 Private 的变量只能在某个指定的过程中使用
    B. 全局变量必须在标准模块中声明
    C. 模块级变量只能用 Private 关键字声明
    D. Static 类型变量的作用域是它所在的窗体或模块文件

20. 对变量名说法不正确的是（　　　）。
    A. 必须是字母开头，不能是数字或其他字符
    B. 不能是 Visual Basic 的保留字
    C. 可以包含字母、数字、下划线和标点符号
    D. 不能超过 255 个字符

21. 假定在窗体（名称为 Form1）的代码窗口中定义如下记录类型：
```
Private Type animal
    animalName As String * 20
    aColor As String * 10
End Type
```
在窗体上画一个名称为 Command1 的命令按钮，然后编写如下事件过程：
```
Private Sub Command1_Click()
    Dim rec As animal
    Open "c:\vbTest.dat" For Random As #1 Len = Len(rec)
    rec.animalName = "Cat"
    rec.aColor = "White"
    Put #1, , rec
    Close #1
End Sub
```
则以下叙述中正确的是（　　　）。
A. 记录类型 animal 不能在 Form1 中定义，必须在标准模块中定义
B. 如果文件 c:\vbTest.dat 不存在，则 Open 命令执行失败
C. 由于 Put 命令中没有指明记录号，因此每次都把记录写到文件的末尾
D. 语句"Put #1, , rec"将 animal 类型的两个数据元素写到文件中

22. 在运行阶段，要在文本框 Text1 获得焦点时选中文本框中的所有内容，则对应的事件过
    程是（　　　）。

— 175 —
```
```

A. Private Sub Text1_GotFocus( )
   Text1.SelStart=0
   Text1.SelLength=Len(Text1.Text)
    End Sub

B. Private Sub Text1_LosFocus( )
   Text1.SelStart=0
   Text1.SelLength=Len(Text1.Text)
   End Sub

C. Private Sub Text1_Change( )
   Text1.SelStart=0
   Text1.SelLength=Len(Text1.Text)
   End Sub

D. Private Sub Text1_SetFocus( )
   Text1.SelStart=0
   Text1.SelLength=Len(Text1.Text)
   End Sub

23. 下列数组声明正确的是（   ）。

  A. n =5
    Dim a(1 to n) As Integer

  B. Dim a(10) As Integer
    ReDim a(1 To 12)

  C. Dim a( ) As Single
    ReDim a(3,4) As Integer
    ReDim a(1 to n)As Integer

  D. Dim a( ) As Integer
    n = 5

24. 阅读程序：

```
Option Base 1
Private Sub Form_Click()
    Dim arr,Sum
    Sum = 0
    arr =Array(1,3,5,7,9,11,13,15,17,19)
    For i=1To 10
    If arr(i) / 3=arr(i) \3 Then
    Sum = Sum + arr(i)
    End If
    Next i
    Print Sum
End Sub
```

程序运行后，单击窗体，输出结果为（   ）。

A. 13   B. 14   C. 27   D. 15

25. 假定一个工程由一个窗体文件 Form1 和两个标准模块文件 Model1 及 Model2 组成。
Model1 代码如下：

```
Public x As Integer
Public y As Integer
Sub S1()
x =1
S2
End Sub
```

```
Sub S2()
y = 10
Form1.Show
End Sub
```

Model2 的代码如下：
```
Sub Main()
S1
End Sub
```
其中 Sub Main 被设置为启动过程。程序运行后，各模块的执行顺序是（　　　　）。

A．Form1→Model1→Model2

B．Model1→Model2→Form1

C．Model2→Model1→Form1

D．Model2→Form1→Model1

26. 下列表达式中，（　　　　）的值为 false。

    A．″BCD″<″BCE″　　　　　　　　B．″12345″<>″12345″&″ABC″

    C．Not 2*5=10　　　　　　　　　　D．4=4 and 5>2+2

27. 如下程序：
```
Private Sub Form_Click( )
    a=20:b=20:c=120:d=120
    Form1.Line(a,b)-(c,b),,BF
End Sub
```
单击窗体后，窗体上显示的是（　　　　）。

    A．一条直线　　　　　　　　　　　B．一个矩形空框

    C．一个填充了颜色的矩形　　　　　D．无任何图形

28. 下列程序段的执行结果为（　　　　）。
```
a=75
If a>60 Then I=1
If a>70 Then I=2
If a>80 Then I=3
If a<90 Then I=4
Print″I=″；I
```
    A．I=1　　　　　　B．I=2　　　　　　C．I=3　　　　　　D．I=4

29. 下列 4 项对 InputBox 函数的使用说明，不正确的是（　　　　）。

    A．每执行一次 InputBox 函数，只能输入一个值

B. 函数值必须赋给一个变量

C. InputBox 函数的 Prompt 参数不能缺省

D. 若单击 InputBox 函数产生的对话框中的"取消"按钮，将不会返回函数值

30. 当变量 x=2，y=5 时，以下程序的输出结果为（　　　　）。

```
Do Until y>5
        x=x*y
        y=y+1
Loop
Print x
```

  A. 2   B. 5

  C. 10   D. 20

31. 假设变量 intVar 是一个整型变量，则执行赋值语句 intVar="2"+3 之后，变量 int Var 的值是（　　　　）。

  A. 2   B. 3   C. 5   D. 23

32. 设有如下变量声明：

Dim TestDate As Date

为变量 TestDate 正确赋值的表达方式是（　　　　）。

  A. TestDate=#1/2002#

  B. TesDate=#"1/1/2002"#

  C. TesDate=date("1/1/2002")

  D. TesDate=Format("m/d/yy","1/1/2002")

33. 函数 String(n,"str")的功能是（　　　　）。

  A. 把数值型数据转换为字符串

  B. 返回由 n 个字符组成的字符串

  C. 从字符串中取出 n 个字符

  D. 从字符串中第 n 个字符的位置开始取子字符串

34. 在窗体上添加一个按钮，名为 Command1，然后编写如下的事件过程，输出结果为（　　　　）。

```
Prinvate Sub Comand1_Click( )
For i=1 To 4
x=4
For j=1 To 3
        x=3
        For k=1 To 2
         x=x+5
        Next k
```

```
    Next j
    Next i
    Print x
    End Sub
```
    A. 13   B. 26   C. 30   D. 40

35. 执行以下程序段后，变量 c 的值为（   ）。

    a=″Visual Basic Programing″

    b=″Quick″

    c=b & Ucase (Mid (a,7,6))&Right(a,11)

    A. Visual BASIC Programing   B. Quick Basic Programing

    C. QUICK Basic Programing   D. Quick BASIC Programing

二、填空题

请将答案分别写在答题卡中序号为【1】至【15】的横线上，答在试卷上不得分。

1. 在面向对象方法中，【1】描述的是具有相似属性与操作的一组对象。

2. 在 KeyPress 事件过程中，KeyAscii 是所按键的【2】值。

3. 对象的属性是指【3】。

4. 同时按下【4】和"方向箭头"键也可以移动控件的位置。

5. While………Wend 循环对条件进行测试，如果条件一开始就不成立，则【5】。

6. 下列软件系统结构图的宽度为【6】。

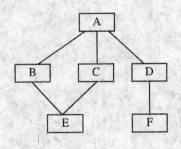

7. 使用 Visual Basic 6.0 开发的应用程序，最多可以有【7】个窗体。

8. 在运行时，MDI 父窗体中的子窗体最小化时，其图标将显示在【8】。

9. 执行下面的程序段后，变量 S 的值为【9】。

```
S=5
For i=2.6 To 4.9 Step 0.6
S=S+1
Next i
```

10. 为了使应用程序启动时打开的窗体中具有背景图像（取用户自定义的某个图像文件 "C；\Picture.jpg"），设置值为 "C:\Picture.jpg" 的属性是【10】。

11. 块结构条件语句中的必选项是【11】。

12. 下列语句段在运行时的显示结果是【12】。

```
Cls
x=10.34 +8
Print Len(x)
```

13. 下面语句的输出结果为【13】。

```
x! =3. 1415926
Print x
```

14. 下列程序的功能是：当 x<50 时，y=0.8×x；当 50≤x≤100 时，y=0.7×x；当 x>100 时，没有意义。请填空。

```
Private Sub Commandl_Click()
Dim x AS Single
x=InputBox("请输入 x 的值!")
【14】
Case Is<50
      y=0.8 * x
   Case 50 To 100
      y=0.7 * K
   【15】
   Print"输入的数据出界!"
End Select
Print x，y
End Sub
```

第 20 套

一、选择题

下列各题 A、B、C、D 四个选项中，只有一个选项是正确的，请将正确选项涂写在答题卡相应位置上，答在试卷上不得分。

1. 下列可以启动 Visual Basic 的方法是（　　　）。
   A. 打开"我的电脑"，找到存放 Visual Basic 所在系统文件的硬盘及文件夹，双击"VB6.exe"图标
   B. 在 DOS 窗口中，键入 Visual Basic 的路径，执行 Visual Basic 可执行文件
   C. 利用"开始"菜单中的"程序"命令可启动 Visual Basic
   D. A 和 C

2. 设用复制、粘贴的方法建立了一个命令按钮数组 Command1，以下对该数组的说法错误的是（　　　）。
   A. 命令按钮的所有 Caption 属性都是 Command1
   B. 在代码中访问任意一个命令按钮只需使用名称 Command1
   C. 命令按钮的大小都相同
   D. 命令按钮共享相同的事件过程

3. 运行以下程序，输出结果是（　　　）。
   ```
   For I=1 To 3
   cls
   Print″ I=″ ,I;
   Next
   ```
   A. 123　　　　　　　B. 3　　　　　　　C. I=1I=2I=3　　　　D. I=3

4. 设 S=″中华人民共和国″，表达式 Left(S，1)+Right(S，1)+Mid(S，3，2)的值为（　　　）。
   A. ″中华民国″　　　　　　　　　B. ″中国人民″
   C. ″中共人民″　　　　　　　　　D. ″人民共和″

5. VB6.0 是（　　　）应用程序的开发工具。
   A. 8 位　　　　　　B. 16 位　　　　　　C. 32 位　　　　　　D. 64 位

6. 要在命令按钮控件上显示图像应（　　　）。
   A. 设置 Picture 属性
   B. 实现不了

C. 先将 Type 设置为 1，然后再设置 Picture 属性

D. 以上都不对

7. 数据库设计的四个阶段是：需求分析、概念设计、逻辑设计和（　　　）。

A. 编码设计　　　　　B. 测试阶段　　　　　C. 运行阶段　　　　　D. 物理设计

8. 以下叙述中错误的是（　　　）。

A. 打开一个工程文件时，系统自动装入与该工程有关的窗体文件

B. 保存 Visual Basic 程序时，应分别保存窗体文件及工程文件

C. Visual Basic 应用程序只能以解释方式执行

D. 窗体文件包含该窗体及其控件的属性

9. 下列描述错误的是（　　　）。

A. ReDim 命令可以独立使用来声明数组变量

B. ReDim 命令声明数组变量时，不可以使用变量来定义数组元素的个数

C. ReDim 命令声明的数组变量是动态数组变量

D. ReDim 命令声明的数组变量可以用 Erase 命令来删除

10. 在窗体上画一个命令按钮和两个文本框，其名称分别为 Command1、Text1 和 Text2，然后编写如下程序：

```
Dim S1 As String, S2 As String
Private Sub Form_Load()
    Text1.Text = ""
    Text2.Text = ""
End Sub
Private Sub Text1_KeyDown(KeyCode As Integer, Shift As Integer)
    S2 = S2 & Chr(KeyCode)
End Sub
Private Sub Text1_KeyPress(KeyAscii As Integer)
    S1 = S1 & Chr(KeyAscii)
End Sub
Private Sub Command1_Click()
    Text1.Text = S2
    Text2.Text = S1
    S1 = ""
    S2 = ""
End Sub
```

程序运行后，在 Text1 中输入 "abc"，然后单击命令按钮，在文本框 Text1 和 Text2 中显示的内容分别为（　　　）。

A. abc 和 ABC　　　　　　　　　　　　B. abc 和 abc

C. ABC 和 abc   D. ABC 和 ABC

11. 下列程序的执行结果为（   ）。

```
Private Sub Commandl_Click()
        Dim sl As String，s2 As String
        s1="abcdef"
        Call Invert(sl，s2)
        Print s2
End Sub
Private Sub Invert(ByVal xstr As String，ystr As String)
        Dim tempstr As String
        i=Len(xstr)
        Do While i >=1
            tempstr=tempstr+Mid(xstr，i，1)
            i=i-1
        Loop
        ystr=tempstr
End Sub
```

A. fedcba   B. abcdef   C. afbecd   D. defabc

12. 在窗体上画一个名称为 Command1 的命令按钮，然后编写如下事件过程：

```
Private Sub Command1_Click()
        x = 0
        n = InputBox("")
        For i = 1 To n
          For j = 1 To i
            x = x + 1
          Next j
        Next i
        Print x
End Sub
```

程序运行后，单击命令按钮，如果输入 3，则在窗体上显示的内容是（   ）。

A. 3   B. 4   C. 5   D. 6

13. 单击窗体时，下列程序段的执行结果为（   ）。

```
Private Sub Form__Click( )
Line(200,200)-(400,400)
Print "＋＋＋＋＋＋＋＋＋＋＋＋＋＋＋＋＋＋"
Print "＊＊＊＊＊＊＊＊＊＊＊＊＊＊＊＊"
End Sub
```

A. 在窗体上画一斜线，从斜线终点处开始打印两行符号

B. 在窗体上画一斜线，从斜线起点处开始打印两行符号

C. 在窗体上画一斜线，从窗体左上角开始打印两行符号

D. 从窗体左上角开始打印两行符号，从符号结束处开始画一斜线

14. 复选框的 Value 属性为 0 时，表示（   ）。

A. 复选框未被选中   B. 复选框被选中

C. 复选框内有灰色的勾   D. 复选框操作有误

15. 以下能够正确退出循环的是（   ）。

A. i=10
Do
i=i+l
Loop Until i < 10

B. i=l
Do
i=i+l
Loop Until i = 10

C. i=10
Do
i=i+l
Loop Until i>0

D. i=l
Do
i=i-3
Loop Until i = 0

16. 设 a=3,b=5，则以下表达式值为真的是（   ）。

A. a>=b And b>10   B. (a>b) Or (b>0)

C. (a<0) Eqv (b>0)   D. (-3+5>a) And (b>0)

17. 为了在列表框中使用 Ctrl 和 Shift 键进行多个列表项的选择，应将列表框的 Multi-select 属性设置为（   ）。

A. 0   B. 1   C. 2   D. 3

18. 以下关于函数过程的叙述中，正确的是（   ）。

A. 函数过程形参的类型与函数返回值的类型没有关系

B. 在函数过程中，过程的返回值可以有多个

C. 当数组作为函数过程的参数时，既能以传值方式传递，也能以传址方式传递

D. 如果不指明函数过程参数的类型，则该参数没有数据类型

19. 在窗体上画一个名称为 Drive1 的驱动器列表框，一个名称为 Dir1 的目录列表框。当改变当前驱动器时，目录列表框应该与之同步改变。设置两个控件同步的命令放在一个事件过程中，这个事件过程是（   ）。

A. Drive1_Change   B. Drive1_Click

C. Dir1_Click   D. Dir1_Change

20. 在窗体上画一个名称为 Text1 的文本框，要求文本框只能接收大写字母的输入。以下能

实现该操作的事件过程是（   ）。

A. Private Sub Text1_KeyPress(KeyAscii As Integer)

    If KeyAscii < 65 Or KeyAscii > 90 Then

        MsgBox "请输入大写字母"

        KeyAscii = 0

    End If

   End Sub

B. Private Sub Text1_KeyDown(KeyCode As Integer, Shift As Integer)

    If KeyCode < 65 Or KeyCode > 90 Then

        MsgBox "请输入大写字母"

        KeyCode = 0

        End If

   End Sub

C. Private Sub Text1_MouseDown(Button As Integer, Shift As Integer, X As Single, Y As Single)

    If Asc(Text1.Text)< 65 Or Asc(Text1.Text)> 90 Then

        MsgBox "请输入大写字母"

    End If

   End Sub

D. Private Sub Text1_Change()

    If Asc(Text1.Text)> 64 And Asc(Text1.Text)< 91 Then

        MsgBox "请输入大写字母"

    End If

   End Sub

21. 下列各组变量声明正确的是（   ）。

   A. Dim abc as integer, num as single

   B. Dim I%,N$ as integer

   C. Dim a%,b%,c%,a$

   D. public dim n%

22. 设有数组声明语句：

Option Base 1

Dim A(2,-1 To 1)

以上语句所定义的数组 A 为＿＿＿＿维数组，共有＿＿＿＿个元素，第一维下标从＿＿＿
＿＿＿ 到 ＿＿＿，第二维下标从＿＿＿＿ 到 ＿＿＿。下列选项正确的是（   ）。

   A. 1，2，6，2，-1，1   B. 6，2，1，2，-1，1

   C. 2，6，1，2，-1，1   D. 2，1，6，-1，1，2

23. 在窗体上画一个命令按钮，名称为 Command1。程序运行后，如果单击命令按钮，则显
示一个输入对话框，在该对话框中输入一个整数，并用这个整数作为实参调用函数过程

F1。在 F1 中判断所输入的整数是否是奇数，如果是奇数，过程 F1 返回 1，否则返回 0。
能够正确实现上述功能的代码是（   ）。

A. Private Sub Command1_Click( )
    x=InputBox("请输入整数")
    a=F1(Val(x))
    Print a
    End Sub

    Function F1(byRef b As Integer)
    If b Mod 2=0 Then
    Return 0
    Else
    Return 1
    End If
    End Function

B. Privae Sub Command1_Click( )
    x=InputBox("请输入整数")
    a=F1(Val(x))
    Print a
    End Sub
    Function F1(byRef b As Integer)
    If b Mod 2=0 Then
    F1=0
    Else
    F1=1
    End If
    End Function

C. Private Sub Command1_Click( )
    x=InputBox("请输入整数")
    F1（Va(x)）
    Print a
    End Sub
    Function F1(byRef b As Integer)
    If b Mod 2=0 Then
    F1 =1
    Else
    F1=0
    End If
    End Function

D. Private Sub Command1_Click( )

```
x=InputBox("请输入整数")
F1（Val（x））
Print a
End Sub
Function F1(ByrRef b As Integer)
If b Mod 2=0 Then
Return 0
Else
Return 1
End If
End Function
```

24. 以下能够正确计算 n！的程序是（   ）。

A.
```
Private Sub Command1_Click( )
    n=5:x=1
    Do
      x=x*i
      i=i+1
    Loop While i<n
    Print x
End Sub
```

B.
```
Private Sub Command1_Click( )
    n=5:x=1:i=1
    Do
      x=x*i
      i=i+1
    Loop While i<n
    Print x
End Sub
```

C.
```
Private Sub Command1_Click( )
    n=5:x=1:i=1
    Do
      x=x*i
      i=i+1
    Loop While i<=n
    Print x
End Sub
```

D.
```
Private Sub Command1_Click( )
    n=5:x=1:i=1
    Do
      x=x*i
      i=i+1
    Loop While i>n
    Print x
End Sub
```

25. 下列代码运行后输出结果是（   ）。
```
Defstr C-F
Private Sub Commandl_Click( )
    C$="123"
    D="456"
    Print C+D$
End Sub
```
   A. 123456   B. "123456"   C. 123+"456"   D. 显示出错信

26. 在窗体上绘制一个名称为 Command1 的命令按钮，然后编写如下事件过程：

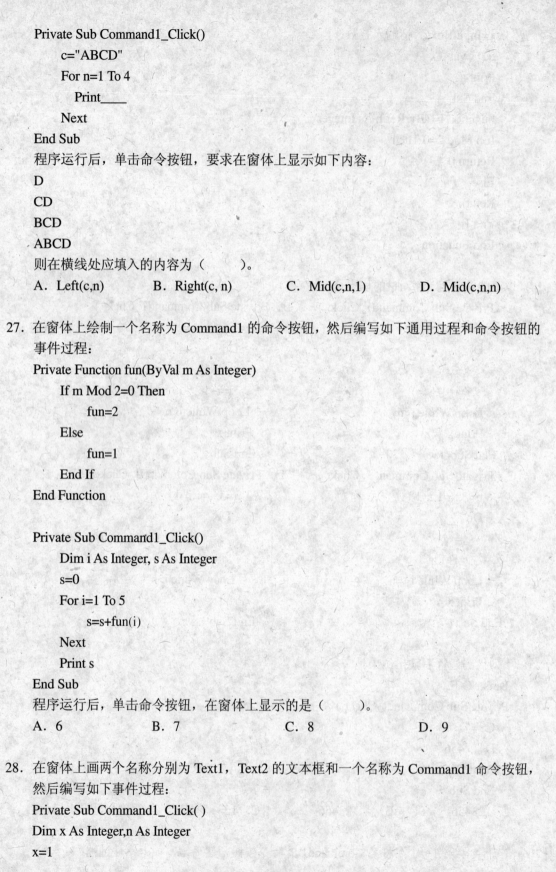

```
Private Sub Command1_Click()
    c="ABCD"
    For n=1 To 4
        Print____
    Next
End Sub
```
程序运行后，单击命令按钮，要求在窗体上显示如下内容：

D

CD

BCD

ABCD

则在横线处应填入的内容为（　　　）。

A．Left(c,n)　　　　　B．Right(c, n)　　　　　C．Mid(c,n,1)　　　　　D．Mid(c,n,n)

27. 在窗体上绘制一个名称为 Command1 的命令按钮，然后编写如下通用过程和命令按钮的事件过程：

```
Private Function fun(ByVal m As Integer)
    If m Mod 2=0 Then
        fun=2
    Else
        fun=1
    End If
End Function


Private Sub Command1_Click()
    Dim i As Integer, s As Integer
    s=0
    For i=1 To 5
        s=s+fun(i)
    Next
    Print s
End Sub
```
程序运行后，单击命令按钮，在窗体上显示的是（　　　）。

A．6　　　　　　　　B．7　　　　　　　　C．8　　　　　　　　D．9

28. 在窗体上画两个名称分别为 Text1，Text2 的文本框和一个名称为 Command1 命令按钮，然后编写如下事件过程：

```
Private Sub Command1_Click()
Dim x As Integer,n As Integer
x=1
```

```
n=0
Do While x <20
    x=x*3
    n=n+1
Loop
Text1.Text=str(x)
Text2.Text=Str(n)
End Sub
```

程序运行后，单击命令按钮，在两个文本框中显示的值分别是（   ）。

A．15 和 1   B．27 和 3   C．195 和 3   D．600 和 4

29．下面的程序运行时，为了在窗体上输出"VB6.0"，应在窗体上执行的操作是（   ）。

```
Private Sub Form_MouseDown (Button As Integer, shift As Integer, x As Single, Y As Single)
    If Button And 3 = 3 then
        Print"VB 6.0"
    End If
End Sub
```

A．只能按下右键   B．只能按下左键

C．应同时按下左、右键   D．按下左、右键之一

30．有如下程序：

```
Option Base 1
Private Sub Form_Click()
    Dim arr,Sum
    Sum =0
    arr=Array(1,3,5,7,9,11,13,15,17,19)
    For i=1 To 10
        If arr(i)/3=arr(i)\3 Then
            Sum=Sum+arr(i)
        End If
    Next i
    Print Sum
End Sub
```

程序运行后，单击窗体，输出结果为（   ）。

A．25   B．26   C．27   D．28

31．如果将文本框的 Locked 属性设置为 True，则以下说法（   ）是正确的。

A．此时在属性窗口不可以修改文本框的 Text 属性值

B．运行时用户不可以在界面上修改文本框中的内容

C．在程序代码中不可以修改文本框的内容，如不可以使用语句 Text1.Text="aaa"

D. 以上均不正确

32. 下面程序运行时，单击窗体后，窗体上显示的结果是（   ）。

```
Private Sub Form_Click( )
Dim I As Integer
Dim sum As Long
sum = 0
For I = 10 To 16
If I Mod 3=0 Or I Mod 5 = 0 Then
sum = sum+I
End If
Next I
Print sum
End Sub
```

A. 10 　　　　　B. 12 　　　　　C. 37 　　　　　D. 22

33. 设用复制、粘贴的方法建立了一个命令按钮数组 Command1，以下对该数组的说法错误的是（   ）。

A. 命令按钮的所有 Caption 属性都是 Command1

B. 在代码中访问任意一个命令按钮只需使用名称 Command1

C. 命令按钮的大小都相同

D. 命令按钮共享相同的事件过程

34. 使用语句 Dim A(1 To 10)As Integer 声明数组 A 之后，以下说法正确的是（   ）。

A. A 数组中的所有元素值为 0

B. A 数组中的所有元素值不确定

C. A 数组中的所有元素值为 Empty

D. 执行 Erase A 后，A 数组中的所有元素值为 Null

35. Visual Basic 程序中分隔各语句的字符是（   ）。

A. ' 　　　　　B. : 　　　　　C. \ 　　　　　D. _

二、填空题

请将答案分别写在答题卡中序号为【1】至【15】的横线上，答在试卷上不得分。

1. Visual Basic 的对象是【1】和控件的总称。

2. 如果要在单击命令按钮时执行一段代码，则应将这段代码写在【2】事件过程中。

3. 逻辑运算时，参与运算的两个量都为 False，结果才会是 False 的逻辑运算是【3】运算。

4. 默认情况下，工具箱中只显示【4】控件。

5. 表达式（7\3+1）*（18\-1）的值是【5】。

6. Visual Basic 采用【6】驱动的编程机制，程序员只需要编写响应用户动作的程序，而不必考虑按精确次序执行的每个步骤。

7. 要使一个文本框具有水平和垂直滚动条，应先将其 MultiLine 属性设置为 True，然后再将 ScrollBar 属性设置为【7】。

8. 要使工具栏控件的某按钮呈按钮菜单的样式，可以在其属性页中设置其【8】选项为 5-tbrDropDown。

9. 以下程序的功能是：将一维数组 A 中的 100 个元素分别赋给二维数组 B 的每个元素并打印出来，要求把 A(1)到 A(10)依次赋给 B(1,1)到 B(1,10)，把 A(11)到 A(20)依次赋给 B(2,1)到 B(2,10)，……，把 A(91)到 A(100)依次赋给 B(10,1)到 B(10,10)。请填空。

```
Option Base 1
Private Sub Form_Click()
        Dim i As Integer, j As Integer
        Dim A(1 To 100) As Integer
        Dim B(1 To 10, 1 To 10) As Integer
        For i = 1 To 100
            A(i) = Int(Rnd * 100)
        Next i
    For i = 1 To    【9】
            For j = 1 To   10
                B(i, j) =   【10】
                Print B(i, j);
            Next j
            Print
        Next i
    End Sub
```

10. 为了使一个标签透明且没有边框，必须把它的 BorderStyle 属性设置为【11】，并把 Backstyle 属性设置为 0。

11. 以下程序用来产生 20 个（0，99）之间的随机整数，并将其中的偶数打印出来。请填空。

```
Private Sub Commandl_Clcik( )
    Randomize
```

```
    For I=1 To 20
        X=Int(Rnd*【12】)
        If X/2=【13】Then Print x
    Next I
    End Sub
```

12. 在窗体上画一个列表框、一个命令按钮和一个标签，其名称分别为 List1、Command1 和 Label1，通过属性窗口把列表框中的项目设置为："第一个项目"、"第二个项目"、"第三个项目"、"第四个项目"。程序运行后，在列表框中选择一个项目，然后单击命令按钮，即可将所选择的项目删除，并在标签中显示列表框当前的项目数，运行情况如下图所示(选择"第三个项目"的情况)。下面是实现上述功能的程序，请填空。

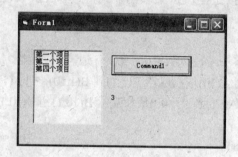

```
Private Sub Command1_Click()
If List1.ListIndex>=【14】Then
List1.RemoveItem【15】
Label1.Caption= List1.ListCount
Else
MsgBox "请选择要删除的项目"
    End If
End Sub
```

第 21 套

一、选择题

下列各题 A、B、C、D 四个选项中，只有一个选项是正确的，请将正确选项涂写在答题卡相应位置上，答在试卷上不得分。

1. 在 Visual Basic 中，要设置菜单项的快捷访问键，应使用（   ）符号。
   A.   &   B.   *   C. $ D.   @

2. 按照"后进先出"原则组织数据的数据结构是（   ）。
   A. 队列   B. 栈
   C. 双向链表   D. 二叉树

3. 通用对话框中能打开"颜色对话框"的方法是（   ）。
   A. ShowOpen   B. ShowColor
   C. ShowSave   D. ShowPrinter

4. "对象"是计算机系统运行的（   ）。
   A. 程序单位   B. 逻辑单位
   C. 物理实体   D. 基本实体

5. 对已在窗体中控件的操作不正确的是（   ）。
   A. 单击控件外部空白处，可把活动控件变为不活动控件
   B. 双击控件内部，可激活代码窗口
   C. 双击控件内部，可把活动控件变为不活动控件
   D. 拖动活动控件四周的控制小方块可缩放控件

6. 在数据库系统中，用户所见的数据模式为（   ）。
   A. 概念模式   B. 外模式   C. 内模式   D. 物理模式

7. 以下程序运行后，输出结果是（   ）。
   ```
   a=1:b=2:c=3
   a=a+b:b=b+c:c=b+a
   If a<>3 Or b<>3 Then
       a=b-a:b=c-a:c=b+a
   End If
   Print a+b+c
   ```

A. 16   B. 3   C.6   D. 8

8. 下面表达式中，（   ）的运算结果与其他三个不同。
   A．Exp(-3.5)   B．Int(-3.5)+0.5
   C．-Abs(-3.5)   D．Sgn(-3.5)-2.5

9. 以下说法中正确的是（   ）。
   A．任何时候都可以通过执行"工具"菜单中的"菜单编辑器"命令打开菜单编辑器
   B．只有当某个窗体为活动窗体时，才能打开菜单编辑器
   C．任何时候都可以通过单击标准工具栏上的"菜单编辑器"按钮打开菜单编辑器
   D．只有当代码窗口为活动窗口时，才能打开菜单编辑器

10. 在窗体上画一个命令按钮，名称为 Command1。单击命令按钮时，执行如下事件过程：
    Private Sub Command1_Click()
                 a$ = "software and hardware"
                 b$ = Right(a$, 8)
                 c$ = Mid(a$, 1, 8)
                 MsgBox a$, , b$, c$, 1
    End Sub
    则在弹出的信息框的标题栏中显示的信息是（   ）。
    A．software and hardware   B．software
    C．hardware   D．1

11. 窗体上有一个命令按钮和一个文本框，程序执行后，在文本框中输入 12345，单击命令
    按钮后的输出结果为（   ）。
    Private Sub Command1_Click()
    Dim A As Integer,B As Integer
    Text1.SelStart=2
    Text1.SelLength=2
    A=Val(Text1.SelText)
    B=Len(Text1.Text)
    Print A*B
    End Sub
    A．68   B．115   C．170   D．1170

12. 以下叙述中正确的是（   ）。
    A．组合框包含了列表框的功能
    B．列表框包含了组合框的功能
    C．列表框和组合框的功能无相近之处

D. 列表框和组合框的功能完全相同

13. 以下能正确定义数据类型 TelBook 的代码是（　　　）。

    A. Type TelBook
       Name As String*10
       TelNum As Integer
       End Type

    B. Type TelBook
       Name As String*10
       TelNum As Integer
       End TelBook

    C. Type TelBook
       Name String*10
       TelNum Integer
       End Type TelBook

    D. Typedef TelBook
       Name String*10
       TelNum Integer
       End Type

14. 单击命令按钮时，下列程序段的执行结果为（　　　）。

    ```
    Public Sub Procl(n As Integer,ByVal m As Integer)
        n=n Mod 10
        m=m\10
    End Sub
    Private Sub Commandl_Click( )
      Dim x As Integer,y As Integer
      x=12;y=34
      Call Procl(x,y)
      Print x;y
    End Sub
    ```

    A. 12　34
    C. 2　　3

    B. 2　　34
    D. 12　　3

15. 单击命令按钮时，下列程序代码的执行结果为（　　　）。

    ```
    Private Function PickMid(xStr As String)As Sting
        Dim tempStr As String
        Dim strLen As Integer
        TempStr=" "
        StrLen=Len(xStr)
        i=1
        Do While i<=strLen/2
            tempStr=tempStr+Mid(xStr,i,1)+Mid(xStr,strLen-i+1,1)
            i=i+1
        Loop
        PickMid=tempStr
    End Function
    Private Sub Command1_Click( )
    ```

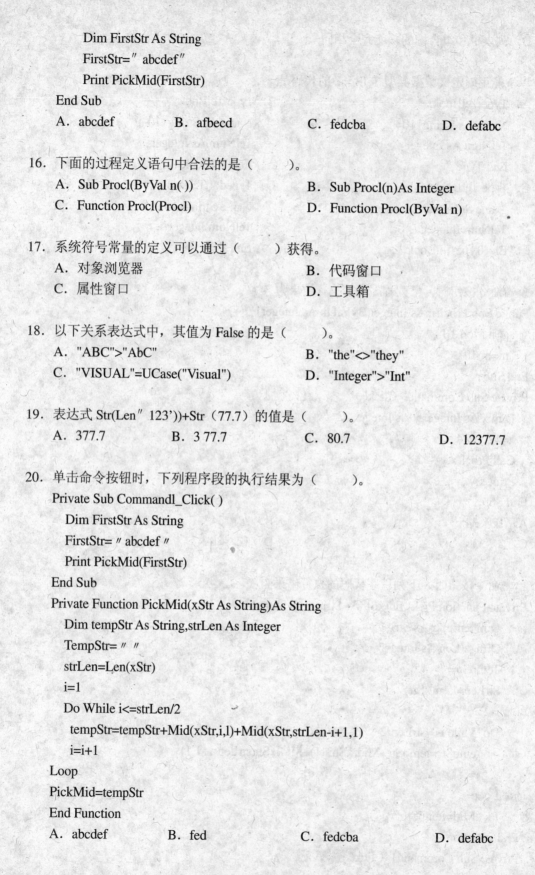

```
        Dim FirstStr As String
        FirstStr="abcdef"
        Print PickMid(FirstStr)
    End Sub
```

    A．abcdef   B．afbecd   C．fedcba   D．defabc

16．下面的过程定义语句中合法的是（　　　）。
    A．Sub Procl(ByVal n( ))   B．Sub Procl(n)As Integer
    C．Function Procl(Procl)   D．Function Procl(ByVal n)

17．系统符号常量的定义可以通过（　　　）获得。
    A．对象浏览器   B．代码窗口
    C．属性窗口   D．工具箱

18．以下关系表达式中，其值为 False 的是（　　　）。
    A．"ABC">"AbC"   B．"the"<>"they"
    C．"VISUAL"=UCase("Visual")   D．"Integer">"Int"

19．表达式 Str(Len"123'"))+Str（77.7）的值是（　　　）。
    A．377.7   B．3 77.7   C．80.7   D．12377.7

20．单击命令按钮时，下列程序段的执行结果为（　　　）。
```
    Private Sub Commandl_Click( )
        Dim FirstStr As String
        FirstStr="abcdef"
        Print PickMid(FirstStr)
    End Sub
    Private Function PickMid(xStr As String)As String
        Dim tempStr As String,strLen As Integer
        TempStr=""
        strLen=Len(xStr)
        i=1
        Do While i<=strLen/2
         tempStr=tempStr+Mid(xStr,i,l)+Mid(xStr,strLen-i+1,1)
         i=i+1
    Loop
    PickMid=tempStr
    End Function
```
    A．abcdef   B．fed   C．fedcba   D．defabc

21. 在用通用对话框的 ShowOpen 显示"打开"文件对话框时，若要指定其中的文件类型为文本文件，正确的描述格式是（　　　　）。

A. ″text(.txt)|(*.txt)″

B. ″文本文件（.txt）|(.txt)″

C. ″text(.txt)||(*.txt)″

D. ″text(.txt)(*.txt)″

22. 在窗体上画一个名称为 Command1 的命令按钮，然后编写如下事件过程：

```
Option Base 1
Private Sub Command1_Click()
    Dim a
    a=Array(1,2,3,4,5)
    For i＝1 To UBound(a)
    a(i)＝a(i)+i-1
    Next
    Print a(3)
End Sub
```

程序运行后，单击命令按钮，则在窗体上显示的内容是（　　　　）。

A. 4　　　　　　　　B. 5　　　　　　　　C. 6　　　　　　　　D. 7

23. 关于过程调用正确的是（　　　　）。

A. 过程要用 Call 语句调用

B. Sub 过程一定要用 Call 语句调用

C. 过程都可以用赋值语句的形式调用

D. 只要写上过程名并给出实参就能调用过程

24. 在窗体上画一个名称为 Command1 的命令按钮，编写如下程序：

```
Private Sub Command1 _ Click( )
Print p1(3,7)
End Sub
Public Function p1(x As Single, n As Integer) As Single
If n = 0 Then
p1 = 1
Else
If n Mod 2 = 1 Then
p1 = x * x + n
Else
p1 = x * x - n
End If
End If
End Function
```

程序运行后，单击该命令按钮，屏幕上显示的结果是（　　　　）。

A. 2   B. 1   C. 0   D. 16

25. 在 Visual Basic 工程中，可以作为"启动对象"的程序是（　　　）。
    A. 任何窗体或标准模块   B. 任何窗体或过程
    D. Sub Main 过程或其他任何模块   D. Sub Main 过程或任何窗体

26. 设有如下程序：
    Private Sub Command1_Click()
    　　　Dim c As Integer, d As Integer
    　　　c=4
    　　　d=InputBox("请输入一个整数")
    　　　Do While d>0
    　　　　　If d>c Then
    　　　　　　　c=c+1
    　　　　　End If
    　　　　　d=InputBox("请输入一个整数")
    　　　Loop
    　　　Print c+d
    End Sub
    程序运行后，单击命令按钮，如果在输入对话框中依次输入 1、2、3、4、5、6、7、8、9 和 0，则输出结果是（　　　）。
    A. 12   B. 11   C. 10   D. 9

27. 设有如下通用过程：
    Public Sub Fun(a() As Integer, x As Integer)
    　　　For i=1 To 5
    　　　　　x=x+a(i)
    　　　Next
    End Sub
    在窗体上绘制一个名称为 Text1 的文本框和一个名称为 Command1 的命令按钮。然后编写如下的事件过程：
    Private Sub Command1_Click()
    　　　Dim arr(5)　 As Integer, n As Integer
    　　　For i=1 To 5
    　　　　　arr(i)=i+i
    　　　Next
    　　　Fun arr, n
    　　　Text1.Text=Str(n)
    End Sub
    程序运行后，单击命令按钮，则在文本框中显示的内容是（　　　）。

A. 30　　　　　B. 25　　　　　C. 20　　　　　D. 15

28. 设 a=2，b=4，c=6，下列表达式的值为真的是（　　　　）。

A. a>b And c<a　　　　　　　　　B. a>b Or c<a

C. a>b Xor c<a　　　　　　　　　D. a>b Eqv c<a

29. 在窗体上画一个列表框和一个命令按钮，其名称分别为 List1 和 Command1，然后编写如下事件过程：

Private Sub Form_Load()

　　List1.AddItem "Item 1"

　　Listl.AddItem "Item 2"

　　Listl.AddItem "Item 3"

End Sub

Private Sub Commandl_Click()

　　Listl.List(Listl.ListCount)="AAAA"

End Sub

程序运行后，单击命令按钮，其结果为（　　　　）。

A. 把字符串 "AAAA" 添加到列表框中，但位置不能确定

B. 把字符串 "AAAA" 添加到列表框的最后（即 "Item 3" 的后面）

C. 把列表框中原有的最后一项改为 "AAAA"

D. 把字符串 "AAAA" 插入到列表框的最前面（即 "Item 1" 的前面）

30. 假定通用对话框的名称为 CommonDialog1，命令按钮的名称为 Command1，则单击命令按钮后，能使打开的对话框的标题为 "New Title" 的事件过程是（　　　　）。

A. Private Sub Commandl_Click()

　　CommonDialog1.DialogTitle = "New Title"

　　CommonDialog1.ShowPrinter

End Sub

B. Private Sub Commandl_Click()

　　CommonDialog1.DialogTitle="New Title"

　　CommonDialog1.ShowFont

End Sub

C. Private Sub Command1_Click()

　　CommonDialogl.DialogTitle= "New Title"

　　CommonDialog1.ShowOpen

End Sub

D. Private Sub Command1_Click()

　　CommonDialog1.DialogTitle="New Title"

　　CommonDialog1.ShowColor

End Sub

31. 引用列表框(List1)最后一个数据项应使用（　　　）。

    A．List1.List(List1.ListCount)   B．List1.List(List.ListCount-1)

    C．List1.List(ListCount)   D．List1.List(ListCount-1)

32. 下面选项中，不能使控件得到焦点的操作是（　　　）。

    A．在程序运行期间，用鼠标单击对象

    B．在程序运行期间，用快捷键选择对象

    C．在程序运行期间，用 Tab 键

    D．在程序运行期间，用 Enter 键

33. 有如下程序：

```
Form1.Cls
For r=35 To 85 Step 25
Circle(300,240),r
Next r
```

单击窗体后，窗体上显示的是（　　　）。

    A．3 个相交圆   B．3 个同心不相交圆

    C．4 个同心不相交圆   D．2 个同心不相交圆

34. 下面程序段的运行结果是（　　　）。

```
Private Sub Form_ Click()
    For I=3 to l step-1
        Print Spc( 10 - I);
        For j =1 to 2*I-1
            print" * ";
        Next j
            Print
        Next I
End Sub
```

    A．*****   B．*   C．*   D．*

       ***   ***   ***   ***

        *   *****   *****   *****

35. 下面程序运行时，单击窗体后，窗体上显示的结果是（　　　）。

```
Private Sub Form_Click
Dim I As Integer
Dim sum As Long
Dim t1 As Long
t1=1:sum=0
```

```
For I=1 To 3
t1=t1*I
sum=sum+t1
Next I
Print sum
End Sub
```
A．3   B．9   C．5   D．6

二、填空题

请将答案分别写在答题卡中序号为【1】至【15】的横线上，答在试卷上不得分。

1．一组具有相同名称，不同下标的下标变量称为【1】。

2．逻辑运算时，参与运算的两个量都是 False，结果才会是 False 的逻辑运算是【2】运算。

3．菜单命令中有〞…〞标记表示该命令是【3】的命令。

4．系统符号常量的定义可以通过【4】获得。

5．把文字字符串〞Hello World〞写入#1 号文件，然后把回车/换行写入文件的操作应该是【5】。

6．语句 Fontsize=Fontsize*2 的功能是【6】。

7．在窗体上有一个名称为 Command1 的命令按钮和一个名称为 Text1 的文本框。程序运行后，Command1 为禁用（灰色），此时如果在文本框中输入字符，则命令按钮 Command1 变为可用。请填空。

```
Private Sub Form_Load()
    Command1.Enabled = False
End Sub
Private Sub Text1【7】
    Command1.Enabled = True
End Sub
```

8．语句 x=InptuBox(〞请输入数据〞)，则 x 的数据能成为【8】类型的数据。

9．程序运行后，若为"甲队"且成绩大于 80 分，则在窗体上显示"表现优良"，否则显示"表现普通"。

```
Private Sub Form_Activate()
Dim team1 As String
Dim fen As Integer
```

```
team 1=" 乙队"
fen=86
Print
Print" 球队=;" team1
Print" 成绩=;" fen
If team1=" 甲队" Then
If fen>=80 Then
Print" 表现优良!"
Else
【9】
End If
Else
Print "表现普通"!
End If
End Sub
```

10. 在窗体上画一个名称为 Command1 的命令按钮，编写如下事件过程

    ```
    Private Sub Command1_Click()
        Dim a As String
        a= 【10】
        For i = 1 To 5
          Print Space(6-i);Mid$(a, 6-i, 2*i-1)
        Next i
    End Sub
    ```

    程序运行后，单击命令按钮，要求窗体上显示的输出结果如下，请填空。

    ```
        5
       456
      34567
     2345678
    123456789
    ```

11. 首先执行循环体，然后再进行条件判断，决定是否结束循环的循环语句是：【11】。

12. 下面是一个体操评分程序。20 位评委，除去一个最高分和一个最低分，计算平均分（设满分为 10 分）。

    ```
    Private Sub Command1__Click()
        Max=0
        Min =10
    For I=l To 20
        N=Val(InputBox(" 请输入分数 "))
    ```

```
        If 【12】 Then Max=N
        If N<Min Then Min=N
        S=S+N
    Next I
    S=【13】
    P=S/18
    Print ″最高分″；Max ″最低分″；Min
    Print ″最后得分：″；P
End Sub
```

13. 设有程序：

```
Option Base 1
Private Sub Command1_Click()
Dim arr1,Max as Integer
arr1=Array(12,435,76,24,78,54,866,43)
【14】 =arr1(1)
For i=1To 8
If arr1(i)>Max Then 【15】
Next i
Print"最大值是:";Max
End Sub
```

以上程序的功能是：用 Array 函数建立一个含有 8 个元素的数组，然后查找并输出该数组中元素的最大值。请填空。

第 22 套

一、选择题

下列各题 A、B、C、D 四个选项中，只有一个选项是正确的，请将正确选项涂写在答题卡相应位置上，答在试卷上不得分。

1. 下列选项中不属于结构化程序设计方法的是（　　）。
   A. 自顶向下　　　　　　　　　　　B. 逐步求精
   C. 模块化　　　　　　　　　　　　D. 可复用

2. 在文本框中，当用户键入一个字符时，能同时引发的事件的是（　　）。
   A. KeyPress 和 Click　　　　　　　B. KeyPress 和 LostFocus
   C. KeyPress 和 Change　　　　　　D. Change 和 LostFocus

3. 若要将某命令按钮设置为默认命令按钮。则应设置为 True 的属性是（　　）。
   A. Value　　　　B. Cancel　　　　C. Default　　　　D. Enabled

4. 如果要在程序代码中为图片框动态加载和清除图像，可以利用（　　）函数。
   A. InputBox　　　　　　　　　　　B. Input
   C. LoadPicture　　　　　　　　　　D. PaintPicture

5. 以下描述正确的是（　　）。
   A. 过程的定义可以嵌套，但过程的调用不能嵌套
   B. 过程的定义不可以嵌套，但过程的调用可以嵌套
   C. 过程的定义和过程的调用均可以嵌套
   D. 过程的定义和过程的调用均不能嵌套

6. Visual Basic 根据计算机访问文件的方式将文件分成三类，其中不包括（　　）。
   A. 顺序文件　　　　B. Unix 文件　　　　C. 二进制文件　　　　D. 随机文件

7. 以下能够触发文本框 Change 事件的操作是（　　）。
   A. 文本框失去焦点　　　　　　　　B. 文本框获得焦点
   C. 设置文本框的焦点　　　　　　　D. 改变文本框的内容

8. 在用通用对话框控件建立″打开″或″保存″文件对话框时，如果需要指定文件列表框所列出的文件类型是文本文件（即.txt 文件），则正确的描述格式是（　　）。
   A. ″text(.txt)│(*.txt)″　　　　　　B. ″文本文件(.txt)│(.txt)″

C. ″text(.txt)FFFFF｜｜(*.txt)″   D. ″text(.txt)(*.text)″

9. 有如下一个 Sub 过程：
Sub mlt(ParamArray numbers())
      n=1
      For Each x In numbers
         n=n*x
      Next x
      Print n
End Sub
在一个事件过程中如下调用该 Sub 过程：
Private Sub Command1__Click( )
Dim a As Integer
Dim b As Integer
Dim c As Integer
Dim d As Integer
a=1
b=2
c=3
d=4
mlt a,b,c,d
End Sub
该程序的运行结果为（   ）。
A. 12   B. 24   C. 36   D. 48

10. 为启动定时器控件，需要设置定时器的属性是（   ）。
A. Name   B. Interval   C. Left   D. Top

11. 假定有如下事件过程：
Private Sub Form_MouseDown(Button As Integer, Shift As Integer, X As Single, Y As Single)
    If Button = 2 Then
      PopupMenu popForm
    End If
End Sub
则以下描述中错误的是（   ）。
A. 该过程的功能是弹出一个菜单
B. PopForm 是在菜单编辑器中定义的弹出式菜单的名称
C. 参数 X、Y 指明鼠标的当前位置
D. Button=2 表示按下的是鼠标左键

12. 已知变量 x、y 为整型，且 x=4,y=12,s 为字符串型，且 s=a,1blok 为标签控件，下列赋值语句合法的是（　　　）。

A．x=1blok.Caption
B．Lblok.caption=Str(x)
C．x*3=y
D．Y=x*s

13. 窗体上有一个命令按钮，命令按钮的单击事件过程如下。运行程序后，单击命令按钮，输出结果是（　　　）。

```
Private Sub Commandl_Clcik( )
    Dim a
a=Array(1,2,3,4,5)
For k=l To 4
    s=s+a(k)
Next k
Print s
End Sub
```

A．10
B．14
C．15
D．120

14. 设有以下循环结构

```
Do
循环体
Loop While <条件>
```

则以下叙述中错误的是（　　　）。

A．若"条件"是一个为 0 的常数，则一次也不执行循环体

B．"条件"可以是关系表达式、逻辑表达式或常数

C．循环体中可以使用 Exit Do 语句

D．如果"条件"总是为 True，则不停地执行循环体

15. 在窗体上画两个滚动条，名称分别为 Hscroll1、Hscroll2；6 个标签，名称分别为 Label1、Label2、Label3、Label4、Label5、Label6，其中标签 Label4~Label6 分别显示"A"、"B"、"A*B"等文字信息，标签 Label1、Label2 分别显示其右侧的滚动条的数值，Label3 显示 A*B 的计算结果。如下图所示。当移动滚动框时，在相应的标签中显示滚动条的值。当单击命令按钮"计算"时，对标签 Label1、Label2 中显示的两个值求积，并将结果显示在 Label3 中。以下不能实现上述功能的事件过程是（　　　）。

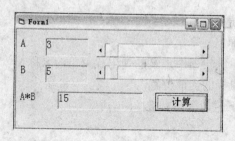

A. Private Sub Command1_Click()

Label3.Caption=Str(Val(Labell.Caption)*Val(Labe12.Caption))

End Sub

B. Private Sub Command1_Click()

Label3.Caption= HScroll1.Value*HScroll2.Value

End Sub

C. Private Sub Command1_Click()

Label3.Caption=HScroll1*HScroll2

End Sub

D. Private Sub Command1_Click()

Label3.Caption=HScroll1.Text*HScroll2.Text

End Sub

16. 以下叙述中错误的是（　　　）。

A. 一个工程可以包括多种类型的文件

B. Visual Basic 应用程序既能以编译方式执行，也能以解释方式执行

C. 程序运行后，在内存中只能驻留一个窗体

D. 对于事件驱动型应用程序，每次运行时的执行顺序可以不一样

17. 在窗体模块的通用声明段中声明变量时，不能使用（　　　）关键字。

A. Dim B. Public C. Private D. Static

18. 在窗体上画一个名称为 Text1 的文本框，一个名称为 Command1 的命令按钮，然后编写如下事件过程和通用过程：

```
Private Sub Command1_Click()
        n = Val(Text1.Text)
        if n\2 = n/2 Then
            f = f1(n)
        Else
            f = f2(n)
        End If
        Print f; n
End Sub

Public Function f1(ByRef x)
        x = x * x
        f1 = x + x
End Function
```

```
Public Function f2(ByVal x)
    x = x * x
    f2 = x + x + x
End Function
```

程序运行后，在文本框中输入 6，然后单击命令按钮，窗体上显示的是（　　　）。

A. 72　36
B. 108　36
C. 72　6
D. 108　6

19. 以下关于多重窗体程序的叙述中，错误的是（　　　）

A. 用 Hide 方法不但可以隐藏窗体，而且能清除内存中的窗体

B. 在多重窗体程序中，各窗体的菜单是彼此独立的

C. 在多重窗体程序中，可以根据需要指定启动窗体

D. 对于多重窗体程序，需要单独保存每个窗体

20. 要使控件与框架捆绑在一起，以下操作正确的是（　　　）。

A. 要在窗体不同位置上分别画一框架和控件，再将控件拖到框架上

B. 在窗体上画好控件，再画框架将控件框起来

C. 在窗体上画好框架，再在框架中画控件

D. 在窗体上画好框架，再双击工具箱中的控件

21. 设有如下程序：

```
Option Base 1
Private Sub Command1_Click()
    Dim a(10) As Integer
    Dim n As Integer
    n＝InputBox("输入数据")
    If n < 10 Then
    Call GetArray(a, n)
    End If
End Sub

Private Sub GetArray(b() As Integer, n As Integer)
    Dim c(10) As Integer
    j=0
    For i=1 To n
    b(i)=CInt(Rnd()*100)
    If b(i) / 2 =b(i) \ 2 Then
    j=j + 1
    c(j) = b(i)
    End If
```

```
        Next
        Print j
End Sub
```
以下叙述中错误的是（   ）。

A. 数组 b 中的偶数被保存在数组 c 中

B. 程序运行结束时，在窗体上显示的是 c 数组中元素的个数

C. GetArray 过程的参数 n 是按值传送的

D. 如果输入的数据大于 10，则窗体上不显示任何信息

22. 下列关于 DO…Loop 语句的叙述不正确的是（   ）。

A. Do…loop 语句采用逻辑表达式来控制循环体执行的次数

B. 当 Do while …Loop 或 Do until…Loop 语句中 while 或 until 后的表达式的值为 true
   或非零时，循环继续

C. Do…Loop while 语句与 Do…Loop until 语句都至少执行一次循环体

D. Do while…Loop 语句与 Do until…Loop 语句可能不执行循环体

23. 下列程序段的执行结果为（   ）。

```
        a=1
        b=1
        For I=1 To 3
            f=a+b
            a=b
            b=f
            Print f;
        Next I
```

A. 2 3 6   B. 2 3 5   C. 2 3 4   D. 2 2 8

24. 下面 4 个语句中，能打印显示 40*90 字样的是（   ）。

A. Print″40﹡90″   B. Print 40﹡90

C. Print Chr$ (40) +″﹡″+CHr$ (90)   D. Print Val(″40″) ﹡ Val(″90″)

25. 在设计阶段，双击窗体 Forml 的空白处，打开代码窗口，显示（   ）事件过程模板。

A. Form_Click   B. Form_Load

C. Forml_Click   D. Form1_Load

26. 在运行阶段，要在文本框 Textl 获得焦点时选中文本框中所有内容，对应的事件过程是
    （   ）。

A. Private Sub Textl_GotFocus( )   B. Private Sub Textl_LostFocus( )

   Textl.SelStart=0   Textl.SelStart=0

   Textl.SelStart=Len(Textl.text)   Textl.SelStart=Len(Textl.text)

End sub

　　C. Private Sub Textl_Change( )

　　　　Textl.SelStart=0

　　　　Textl.SelStart=Len(Textl.text)

　　　　End sub

End sub

　　D. Private Sub Textl_SetFocus( )

　　　　Textl.SelStart=0

　　　　Textl.SelStart=Len(Textl.text)

　　　　End sub

27. 程序设计语言的基本成分是数据成分、运算成分、控制成分和（　　　　）。

　　A. 对象成分　　　　　B. 变量成分　　　　　C. 语句成分　　　　　D. 传输成分

28. 有如下程序：

```
Private Sub Form_Click()
    Dim Check,Counter
    Check=True
    Counter=0
    Do
        Do While Counter<20
            Counter=Counter+1
            If Counter=10 Then
                Check=False
                Exit Do
            End If
        Loop
    Loop Until Check=False
    Print Counter,Check
End Sub
```

程序运行后，单击窗体，输出结果为（　　　　）。

　　A. 15　　0　　　　　B. 20　　-1　　　　　C. 10　　True　　　　　D. 10　　False

29. 假定有下表所列的菜单结构：

标题	名称	层次
显示	appear	1（主菜单）
大图标	bigicon	2（子菜单）
小图标	smallicon	2（子菜单）

要求程序运行后，如果单击菜单项"大图标"，则在该菜单项前添加一个"√"。以下正确的事件过程是（　　　　）。

　　A. Private Sub bigicon_Click()

　　　　bigicon.Checked=False

　　End Sub

B. Private Sub bigicon_Click()
    Me.appear.bigicon.Checked=True
End Sub

C. Private Sub bigicon_Click()
    bigicon.Checked=True
End Sub

D. Private Sub bigicon_Click()
    appear.bigicon.Checked=True
End Sub

30. 下列程序段（   ）能够正确实现条件：如果 X<Y,则 A=15，否则 A=-15。

A. If X<Y Then A=15
   A=-15
   Prin A

B. If X<Y Then A=15:Print A
   A=-15:Print A

C. If X<Y Then
   A=15:Print A
   Else
   A=-15：Print A
   End If

D. If X<Y Then A=15
   Else A=-15
   Print A
   End If

31. 下列各选项说法错误的一项是（   ）。
   A. 文件对话框可分为两种，即打开(Open)文件对话框和保存(Save As)文件对话框
   B. 通用对话框的 Name 属性的默认值为 CommonDialogX，此外，每种对话框都有自己的默认标题
   C. 打开文件对话框可以让用户指定一个文件，由程序使用；而用保存文件对话框可以指定一个文件，并以这个文件名保存当前文件
   D. DefaultEXT 属性和 DialogTitle 属性都是打开对话框的属性，但非保存对话框的属性

32. 下面关于多重窗体的叙述中，正确的是（   ）。
   A. 作为启动对象的 Main 子过程只能放在窗体模块中
   B. 如果启动对象的 Main 子过程，则程序启动时不加载任何窗体，以后由该过程根据不同情况决定是否加载及加载哪一个窗体
   C. 没有启动窗体，程序不能运行
   D. 以上都不对

33. 应用程序设计完成后，应将程序保存，保存的过程是（   ）。
   A. 只保存窗体文件即可
   B. 只保存工程文件即可
   C. 先保存工程文件，之后还要保存窗体文件
   D. 先保存窗体文件(或标准模块文件)，之后还要保存工程文件

34. 编写如下事件过程：

Private Sub Form-MouseDown(Button As Integer, Shift As Integer, X As Single, Y As Single)

    If Shift=6 And Button=2 Then

    Print ″Hello″

    End lf

End Sub

程序运行后，为了在窗体上输出"Hello"，应在窗体上执行以下（　　　）操作。

  A．同时按下 Shift 键和鼠标左键

  B．同时按下 Shift 键和鼠标右键

  C．同时按下 Ctrl、Alt 键和鼠标左键

  D．同时按下 Ctrl、Alt 键和鼠标右键

35. 阅读下面的程序段：

For i = 1 To 3

For j = 1 To i

For k= j To 4

a=a+1

Next k

Next j

Next i

执行上面的三重循环后，a 的值为（　　　）。

  A．9　　　　　　　　B．14　　　　　　　　C．20　　　　　　　　D．21

二、填空题

请将答案分别写在答题卡中序号为【1】至【15】的横线上，答在试卷上不得分。

1．VB6.0 的主要特点是具有面向对象的【1】设计工具，非常适用于用户界面的编程方式。

2．属性窗口主要是针对窗体和控件设置的。在 VB 中，窗体和控件被称为【2】。每个对象都可以用一组属性来刻画其特征，而属性窗口就是用来设置窗体或窗体中的控件属性。

3．决定一个窗体有无控制菜单的属性是【3】。

4．使用代码在程序运行期间，把图形文件装入图片框或图像框中所用的函数是【4】。

5．在执行 KeyPress 事件过程时，KeyAscii 表示所按键的【5】值。

6．下列程序段运行结果是【6】。

Dim c As Integer,num As Integer

```
Num =29483
Do
   c=num Mod 10
   Print c;
   num=num\10
Loop While num<>0
```

7. 为了把一个 Visual Basic 应用程序装入内存，只要装入【7】文件即可。

8. 菜单控件只包括一个【8】事件。

9. 函数 Str$(256. 36)的值是【9】。

10. 给定年份，下列程序用来判断该年是否为闰年，请填空。
    提示：闰年的条件是年份可以被 4 整除但不能被 100 整除，或者能被 400 整除。
```
Private Sub Comand6_Click( )
Dim y As Integer
y=InputBox("请输入年份")
If(y Mod 4=0 【10】 y Mod 100<>0)or (y Mod 400=0) Then
        Print"是闰年"
Else
        Print"是普通年份"
 End If
End Sub
```

11. 设有如下程序：
```
Private Sub Form_Click()
   Dim a As Integer, b As Integer
    a=20: b=50
    p1 a, b
     p2 a, b
    p3 a, b
    Print "a="; a, "b="; b
   End Sub
   Sub p1(x As Integer, ByVal y As Integer)
       x = x+10
       y = y+20
   End Sub
   Sub p2(ByVal x As Integer, y As Integer)
       x = x+10
```

— 213 —

```
        y = y+20
    End Sub
    Sub p3(ByVal x As Integer, ByVal y As Integer)
        x = x+10
        y = y+20
    End Sub
```

该程序运行后，单击窗体，则在窗体上显示的内容是：a= 【11】 和 b= 【12】。

12. 请填写下列空白，以实现运行后形成一个主对角线上元素值为 1，其他元素为 0 的 6×6 阶矩阵。

```
    Private Sub Commandl_Click()
        Dim s(6，6)
        For i=1 To 6
        For j=1 To 6
        If i=j Then
            【13】
        Else
            【14】
        End If
        Print 【15】
        Next j
        Print
        Next i
    End Sub
```

第23套

一、选择题

下列各题 A、B、C、D 四个选项中，只有一个选项是正确的，请将正确选项涂写在答题卡相应位置上，答在试卷上不得分。

1. 声明一个变量为局部变量应该用（   ）。
   A. Global　　　　　　B. Private　　　　　C. Static　　　　　D. Public

2. 用标准工具栏中的工具按钮不能执行的操作是（   ）。
   A. 添加工程　　　　　　　　　　　　　B. 打印源程序
   C. 运行程序　　　　　　　　　　　　　D. 打开程序

3. 当窗体大小改变时，要使其中的控件也按比例发生变化，应使用窗体的（   ）。
   A. AutoSize 属性　　　　　　　　　　B. Resize 事件
   C. AutoRedraw 属性　　　　　　　　　D. Stretch 方法

4. 从工程管理角度，软件设计一般分为两步完成，它们是（   ）。
   A. 概要设计与详细设计　　　　　　　B. 数据设计与接口设计
   C. 软件结构设计与数据设计　　　　　D. 过程设计与数据设计

5. 对下列二叉树

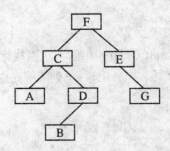

进行中序遍历的结果是（   ）。
   A. ACBDFEG　　　　　　　　　　　　B. ACBDFGE
   C. ABDCGEF　　　　　　　　　　　　D. FCADBEG

6. 引用列表框的最后一项应使用（   ）。
   A. List1.List(List1.ListCount-1)　　　　B. List1.List(List1.ListCount)

C. Listl.List(ListCount)   D. Listl.List(List Count-1)

7. 若要清除列表框的所有内容，则实现的方法是（   ）。

A. Removeitem   B. Cls   C. Clear   D. 以上均不可以

8. 设有如下的记录类型：

```
Type Student
    numberAs String
    name As String
    age As Integer
End Type
```

则正确引用该记录类型变量的代码是（   ）。

A. Student.name="张红"

B. Dim s As Student
   s.name="张红"

C. Dim s As Type Student
   s.name="张红"

D. Dim s As Type
   s.name="张红"

9. 在数据库设计中，将 E-R 图转换成关系数据模型的过程属于（   ）。

A. 需求分析阶段

B. 逻辑设计阶段

C. 概念设计阶段

D. 物理设计阶段

10. 设在工程中有一个标准模块，其中定义了如下类型：

```
Type  stutype
ino As Integer
strname As String*20
strsex As String*1
smark As Single
End Type
```

在窗体上画一个名为 Command1 的命令按钮，要求当执行事件过程 Command1_Click 时，在 c:\的随机文件 student..dat 写入一条记录。下列能够完成该操作的事件过程是（   ）。

A. Sub Command1_Click( )
   Dim student As studtype
   Dim record_no As Integer
   record_no=1
   With student
   .ino=12
   .strname=″smith″
   .strsex=″男″
   .smark=89
   End With

— 216 —

```
   Open"c:\student.dat" For input As # 1 len=len(student)
   Put # 1,record_no,student
   Close # 1
   End Sub
B. Sub Command1_Click( )
   Dim student As studtype
   Dim record_no As Integer
   record_no=1
   With student
   .ino=12
   .strname=" smith"
   .strsex=" 男"
   .smark=89
   End With
   Open" c:\student.dat" For random As # 1 len=len(student)
   Put # 1,record_no,student
   Close # 1
   End Sub
C. Sub Command1_Click( )
   Dim student As studtype
   Dim record_no As integer
   record_no =1
   With student
   .ino=12
   .strname=" smith"
   .strsex=" 男"
   .smark=89
   End With
   Open" c:\student.dat" For random As # 1 len=len(student)
   Write # 1,record_no,student
   Close # 1
   End Sub
D. Sub Command1_Click( )
   Dim Student As studtype
   Dim Record_no As Integer
   record _no=1
   With student
   .ino=12
   .strname=" smith"
   .strsex=" 男"
```

— 217 —

```
.smark=89
End With
Open" c:\student.dat" For output As # 1 len=len(student)
Put # 1,record_no,student
Close # 1
End # 1
```

11. 下列程序的执行结果为（　　　　）。
```
n=0
j=1
Do Until n>2
    n=n+1
    j=j+n*(n+1)
Loop
Print n;j
```
  A. 0 1   B. 3 7   C. 3 21   D. 3 13

12. 在以下程序中，变量 S 为（　　　　）。
```
DefDbl A-H O-Z
DefInt I-N
S=1
For I=1 To 20
      S=S*I
Next I
Printf" S=" ,S
```
  A. 字符串变量   B. 长整型变量
  C. 单精度实型变量   D. 双精度实型变量

13. Detetime 是 Data 类型的变量，以下赋值语句中错误的是（　　　　）。
  A. Datetime=#4/14/97#
  B. Datetime=#September 1,1997#
  C. Datetime=#12:15:00 AM#
  D. Datetime=#8/8/99

14. 使图像(Image)控件中的图像自动适应控件的大小应（　　　　）。
  A. 将控件的 AutoSize 属性设为 True   B. 将控件的 AutoSize 属性设为 False
  C. 将控件 Stretch 属性设为 True   D. 将控件的 Stretch 属性设为 False

15. 将任意一个正的两位数 N 的个位数与十位数对换的表达式为（　　　　）。
  A. (N-Int(N/10) *10) * 10 +Int(N/10)

B. N-Int(N)/10 * 10 +Int(N)/10

C. Int(N/10) + (N -Int(N/10))

D. (N-Int(N/10) * 10 +Int(N/10)

16. 一个工程中含有窗体 Form1、Form2 和标准模块 Model1，如果在 Form1 中有语句 Public X As Integer，在 Model1 中有语句 Public Y As Integer，则以下叙述中正确的是（   ）。

    A. 变量 X、Y 的作用域相同
        B. Y 的作用域是 Model1

    C. 在 Form1 中可以直接使用 X
        D. 在 Form2 中可以直接使用 X 和 Y

17. 在以下描述中正确的是（   ）。

    A. 标准模块中的任何过程都可以在整个工程范围内被调用

    B. 在一个窗体模块中可以调用在其他窗体中被定义为 Public 的通用过程

    C. 如果工程中包含 Sub Main 过程，则程序将首先执行该过程

    D. 如果工程中不包含 Sub Main 过程，则程序一定首先执行第一个建立的窗体

18. 编写如下事件过程：

```
Private Sub Form_KeyDown(KeyCode  As  Integer,Shift As Integer)
If(Button And 3)=3 Then
Print "AAAA"
End If
End Sub
```

程序运行后，为了在窗体上输出 "AAAA"，应按下的鼠标键为（   ）。

    A. 左
        B. 右

    C. 同时按下左、右
        D. 按什么键都不显示

19. 下列程序运行时输出的结果是（   ）。

```
Option Base 1
Private Sub Form _ Click ( )
    Const a = 6
    Dim x (a) As Integer
    For I = 1 to a
        x (i) =I^2
    Next I
    Print x (i)
End Sub
```

    A. 36
        B. 25
        C. 1
        D. 出错信息

20. 关于货币型数据的说明，正确的是（   ）。

    A. 货币型数据有时可以表示成整型数据

    B. 货币型数据与浮点型数据完全一样

C. 货币型数据是由数字和小数点组成的字符串

D. 货币型数据是小数点位置固定的实型数

21. 下面程序运行结果是（　　　　）。

```
Private Sub Form _ Click ( )
    Dim x As Single, y As Single
    x = InputBox( "请输入数据 25") :y = InputBox( "请输入数据 10")
    Print x + y;InputBox( ″请输入数据 25″) + InputBox( "请输入数据 10")
End Sub
```

    A. _35_2510   B. 25102510   C._35_35_   D. 2510_35_

22. 执行以下程序段后，变量 C$的值为（　　　　）。

```
A$=″Visual Basic Programing″
B$=″Quick″
C$=B$ & Ucase(Mid$(A$,7,6)) & Right$(A$,11)
```

    A. Visual BASIC Programing   B. QuickBasic Programing

    C. QUICK Basic Programing   D. Quick BASIC Programing

23. 如果在一新建的工程中使用其他工程已设计好的窗体，可以采用（　　　　）步骤将其添加到当前工程中。

    A. 使用"工程"菜单中的"添加窗体"命令打开"添加窗体"对话框，从"现存"选项卡中选择所需的窗体文件

    B. 使用"工程"菜单中的"添加模块"命令打开"添加模块"对话框，从"现存"选项卡中选择所需的窗体文件

    C. 在 Windows 资源管理器中直接双击所需的窗体文件

    D. 不可以将已建立好的窗体文件添加到当前工程中

24. 在窗体上绘制一个名称为 Label1 的标签，然后编写如下事件过程：

```
Private Sub Form_Click()
    Dim arr(10, 10) As Integer
    Dim i As Integer, j As Integer
    For i=2 To 4
        For j=2 To 4
            arr(i,j)=i*j
        Next j
    Next i
    Label1.Caption=Str(arr(2, 2)+arr(3, 3))
End Sub
```

程序运行后，单击窗体，在标签中显示的内容是（　　　　）。

    A. 12   B. 13   C. 14   D. 15

25. 在窗体上画一个文本框，其名称为 Textl，然后编写如下事件过程：

Private Sub Textl_KeyPress(KeyAscii As Integer)

Dim str As String, n As Integer

Str = UCase(Chr(KeyAscii)

n = Len(str)

Textl = String(n,str)

End Sub

程序运行后，如果在键盘上输入单字母 "k",则在文本框 Textl 中显示的内容为（   ）。

A. kk   B. kK   C. KK   D. Kk

26. 在窗体上画一个名称为 Text1 的文本框和一个名称为 Command1 的命令按钮，然后编写如下事件过程：

Private Sub Command1_Click( )

Dim I As Integer, n As Integer

For j=0 To 50

   i=i+3

   n=n+1

   If i>10 Then Exit For

Next

Text1.Text=Str(n)

End Sub

程序运行后，单击命令按钮，在文本框中显示的值是（   ）。

A. 2   B. 3   C. 4   D. 5

27. 假定有如下事件过程：

Privte Sub Form_Click()

   Dim x As Integer,n As Integer

   x=1

   n=0

   Do While x<28

      x=x*3

      n=n+1

   Loop

   Print x,n

End Sub

程序运行后，单击窗体，输出结果是（   ）。

A. 81 4   B. 56 3   C. 28 1   D. 243 5

28. 设窗体上有一个名为 Textl 的文本框，并编写如下程序：

— 221 —

```
Private Sub Form_Load()
    Show
    Textl.Text=""
    Textl.SetFocus
End Sub
Private Sub Form_MouseUp(Button As Integer, _
            Shift As Integer,X As Single,Y As Single)
Print"程序设计"
End Sub
Private Sub Text1_KeyDown(KeyCode As Integer,Shift As Integer)
    Print "Visual Basic";
End Sub
```

程序运行后，如果在文本框中输入字母"a"，然后单击窗体，则在窗本上显示的内容是
（   ）。

A. Visual Basic

B. 程序设计

C. Visual Basic 程序设计

D. a 程序设计

29. 在窗体上画一个命令按钮，然后编写如下事件过程：

```
Option Base 1
Private Sub Command1_Click()
Dim a
a=Array(1,3,5,7,9)
j=1
For i=5 To 1 Step −1
s=s+a(i) *j
j=j*10
Next i
Print s
End Sub
```

运行上面的程序，单击命令按钮，其输出结果是（   ）。

A. 97531   B. 135   C. 975   D. 13579

30. 下列程序的输出结果为（   ）。

```
Private Sub Command1_ Click( )
Dim a(20)
For j=1 To 20 Step 2
    a(j)=j
Next j
Print a(1)+a(2)+a(3)
End Sub
```

A. 4   B. 5   C. 6   D. 7

31. 如果模块定义为：

DefStr C-F

则以下语句运行后输出结果是（　　　　）。

d$=″321″

f=″654″

print d+f$

A. 321654   B. 975   C. 654321   D. 显示出错信息

32. 以下 VB6.0 控件中，有 Caption 属性的是（　　　　）。

     A. 组合框   B. 列表框   C. 计时器   D. 单选按钮

33. 下列叙述中正确的是（　　　　）。

     A. 标签控件不能接收焦点事件

     B. 如果将文本框的 TabStop 属性值设为 False，则该文本框将不能接收焦点事件

     C. 窗体控件能接收焦点事件

     D. 不能通过程序代码设置焦点属性

34. 下列程序的执行结果是（　　　　）。

```
Privarte Sub Form_Activate
Dim score (3) As Integer, total As Integer
Dim aa_score As Variant
score (1) = 50:score (2) = 14:score (3) = 36
total = 0:i = 0
For Each aa_score In score
i = i + 1
total = total + aa_score
Print i, aa_score, total
Next
End Sub
```

A. 1　0　　0   B. 1　50　　50

     2　50　　50   2　14　　64

     3　14　　64   3　36　　100

     4　36　　100

C. 0　50　　50   D. 0　0　　0

     1　14　　64   1　50　　50

     2　36　　100   2　14　　64

     3　　36　　100

35. 下列不一定是传值的虚实结合方式的选项是（　　　）。

　　A. 调用过程时实参为表达式　　　　　　B. 调用过程时实参为常量

　　C. 调用过程时实参为变量名　　　　　　D. 调用过程时实参将变量名用括号括起来

二、填空题

　　请将答案分别写在答题卡中序号为【1】至【15】的横线上，答在试卷上不得分。

1. A=7，B=3，C=4，则表达式 A MOD 3+B^3/C\5 的值为【1】。

2. 属性窗口的显示方式分为两种，即按【2】顺序和按分类顺序，分别通过单击相应的按钮来实现。

3. 一个关系表的行称为【3】。

4. 按"先进后出"原则组织数据的数据结构是【4】。

5. 在打开一个自定义对话框时，可以使用【5】方法来决定对话框窗体的显示模式。

6. 编程实现加法运算，在两个文本框中输入加数，用标签表示结果，单击按钮进行计算，完成下列计算过程。

```
Private Sub Command1_Click( )
Dim A As Integer ,B As Integer
A=【6】
B=Val(Text2.Text)
【7】 =A+B
End Sub
```

7. 在窗体上画一个命令按钮和一个文本框，其名称分别为 Command1 和 Text1，然后编写如下事件过程：

```
Private Sub Command1_Click()
    Dim inData As String
    Text1.Text = ""
Open "d:\myfile.txt" For 【8】 As #1
Do While 【9】
    Input #1, inData
    Text1.Text = Text1.Text + inData
Loop
Close #1
End Sub
```

程序的功能是，打开 D 盘根目录下的文本文件 myfile.txt，读取它的全部内容并显示在文

— 224 —

本框中。请填空。

8. 设计两 CheckBox，一个显示粗体，一个显示斜体，通过对 CheckBox 的选择，在一个文本框中显示相应效果的文本，完成下列程序。

```
Private Sub Form_Load( )
Check1.Caption="显示粗体"
Check2.Caption="显示斜体"
Text1.Text="Visual Basic6.0"
End Sub
Private Sub Check1_Click( )
If【10】=1 Then
    Text1.FontBold=True
Else
    Text1.FontBold=False
End If
End Sub
Private Sub Check2_Click( )
If Check2.Value=1 Then
    Text1.【11】=True
Else
    Text1.【12】=False
End Sub
```

9. 在窗体上画一个文本框、一个标签和一个命令按钮，其名称分别为 Text1、Label1 和 Command1，然后编写如下两个事件过程：

```
Private Sub Command1_Click()
S$=InputBox("请输入一个字符串")
Text1.Text=S$
End Sub
Private Sub Text1_Change()
Label1.Caption=UCase(Mid(Text1.Text,7))
End Sub
```

程序运行后，单击命令按钮，将显示一个输入对话框，如果在该对话框中输入字符串 "VisualBasic"，则在标签中显示的内容是【13】。

10. 下面程序的运行结果是【14】。程序的功能是【15】。

```
Public Function myfun(m,n)
Do   while m>n
    Do while m>n:m=m-n:Loop
    Do While n>m:n=n-m:Loop
```

```
Loop
Myfun=m
End Function
Private Sub Command1_Click( )
Print myfun(15,15)
End Sub
```

第 24 套

一、选择题

下列各题 A、B、C、D 四个选项中，只有一个选项是正确的，请将正确选项涂写在答题卡相应位置上，答在试卷上不得分。

1. 为组合框 Combo1 增加一个数据项"计算机"，下列命令正确的是（　　　）。
   A. Combo1.Text="计算机"　　　　　　B. Combo1.ListIndex="计算机"
   C. Combo1.AddItem"计算机"　　　　　D. Combo1.ListCount="计算机"

2. 可决定窗体左上角是否有控制菜单的属性是（　　　）。
   A. ControlBox　　　　　　　　　　B. MinButton
   C. MaxButton　　　　　　　　　　D. BorderStyle

3. 下列选项中不属于软件生命周期开发阶段任务的是（　　　）。
   A. 软件测试　　　　B. 概要设计　　　　C. 软件维护　　　　D. 详细设计

4. 以下叙述中正确的是（　　　）。
   A. 窗体的 Name 属性指定窗体的名称，用来标识一个窗体
   B. 窗体的 Name 属性值是显示在窗体标题栏中的文本
   C. 可以在运行期间改变窗体的 Name 属性的值
   D. 窗体的 Name 属性值可以为空

5. 在窗体上画一个名称为 Text1 的文本框和一个名称为 Command1 的命令按钮，然后编写如下事件过程：

```
Private Sub Command1_Click()
        Dim i As Integer, n As Integer
        For i = 0 To 50
            i = i + 3
            n = n + 1
            If i > 10 Then Exit For
        Next
        Text1.Text = Str(n)
End Sub
```

程序运行后，单击命令按钮，在文本框中显示的值是（　　　）。
   A. 5　　　　　　　　B. 4　　　　　　　　C. 3　　　　　　　　D. 2

6. 如果希望定时器控件每秒产生 10 个事件，则要将 Interval 属性的值设为（　　　　）。

　　A. 100　　　　　　　B. 200　　　　　　　C. 300　　　　　　　D. 400

7. 窗体上有 Text1、Text2 两个文本框及一个命令按钮 Command1，编写下列程序：

```
Dim y As Integer
Private Sub Command1_Click( )
Dim x As Integer
x = 2
Text1.Text = p2(p1(x),y)
Text2.Text = p1(x)
End Sub
Private Function p1(x As Integer) As Integer
x = x + y:y = x + y
p1 = x + y
End Function
Private Function p2(x As Integer, y As Integer) As Integer
p2 = 2 * x + y
End Function
```

当单击 1 次和单击 2 次命令按钮后，文本框 Text1 和 Text2 内的值分别是（　　　　）。

　　A. 2　4　　　　　B. 2　4　　　　　C. 10　10　　　　　D. 4　4
　　　　2　4　　　　　　　4　8　　　　　　58　58　　　　　　8　8

8. 如果 X 是一个正的实数，将千分位四舍五入，保留两位小数的表达式是（　　　　）。

　　A. 0.01*Int(X+0.05)　　　　　　　　B. 0.01*Int((X+0.005)*100)
　　C. 0.01*Int(100*(X+0.05))　　　　　D. 0.01*Int(X+0.005)

9. 设有如下过程：

```
Sub ff(x, y, z, )
    x=y+z
End Sub
```

以下所有参数的虚实结合都是传址方式的调用语句是（　　　　）。

　　A. Call ff(5，7，z)　　　　　　　　B. Call ff(x，y，z)
　　C. Call ff(3+x，5+y，z)　　　　　　D. Call ff(x+y，x-y，z)

10. 表达式 String(2,″Shanghai″)的值是（　　　　）。

　　A. Sh　　　　　　　　　　　　　　B. Shanghai
　　C. ShanghaiShanghai　　　　　　　　D. SS

11. 窗体的 MouseDown 事件过程

　　Form_MouseDown (Button As Integer,Shift As Integer,X As Single,Y As Single)

有 4 个参数，关于这些参数，正确的描述是（　　　　）。

A. 通过 Button 参数判定当前按下的是哪一个鼠标键

B. Shift 参数只能用来确定是否按下 Shift 键

C. Shift 参数只能用来确定是否按下 Alt 和 Ctrl 键

D. 参数 X、Y 用来设置鼠标当前位置的坐标

12. 运行以下程序后，输出的结果是（　　　　）。

```
Print"中国"
Font="隶书"
Print"人民"
Font="仿宋"
Print"万岁！"
Font="宋体"
```

A. 中国（默认字体）　　　　　　　　B. 中国（默认字体）

人民（默认字体）　　　　　　　　　人民（仿宋）

万岁！（默认字体）　　　　　　　　万岁！（宋体）

C. 中国（默认字体）　　　　　　　　D. 中国隶书（默认字体）

人民（隶书）　　　　　　　　　　　人民（仿宋）

万岁！（仿宋）　　　　　　　　　　万岁！（仿宋）

13. 下列程序执行后，变量 a 的值为（　　　　）。

```
Dim a,b,c,d as single
a=100
b=20
c=1000
if b>a Then
        d=a:a=b:b=d
End if
if c>a Then
        d=a:a=c:c=d
End if
if c>b Then
        d=b:b=c:c=d
End if
```

A. 0　　　　　　　　B. 1000　　　　　　　　C. 20　　　　　　　　D. 100

14. 要使文本框可输入多行文字，要更改的默认选项是（　　　　）。

A. SorollBoars 和 MultiLine　　　　　B. Visible

C. ScrillBoars　　　　　　　　　　　D. 以上都不是

15. 在窗体上画一个名称为 Command1 的命令按钮，然后编写如下事件过程：

```
Private Sub Command1_Click()
    x = -5
    If Sgn(x) Then
            y = Sgn(x ^ 2)
    Else
            y = Sgn(x)
    End If
    Print y
End Sub
```

程序运行后，单击命令按钮，窗体上显示的是（   ）。

A. -5　　　　　B. 25　　　　　C. 1　　　　　D. -1

16. 如果准备读文件，打开顺序文件"text.dat"的正确语句是（   ）。

A. Open"text.dat"For Write As#1　　　　B. Open"text.dat"For Binary As#1

C. Open"text.dat"For Input As#1　　　　D. Open"text.dat"For Random As#1

17. 以下程序段执行后整型变量 n 的值为（   ）。

```
n=0
For i=1 to 20 Step 5
n=n+1
Next i
```

A. 50　　　　　B. 4　　　　　C. 15　　　　　D. 210

18. 在运行程序时，在文本框中输入新的内容，或在程序代码中改变 Text 的属性值，相应会触发到（   ）事件。

A. GotFocus　　　B. Click　　　C. Change　　　D. DblClick

19. 表达式 Int(Rnd(0)+1)+Int(Rnd(1)-1)的值为（   ）。

A. 1　　　　　B. 0　　　　　C. -1　　　　　D. 2

20. 假定有如下的 Sub 过程：

```
Sub S(x As  Single,y As  Single)
t=x
x=t/y
y=t Mod y
End Sub
```

在窗体上画一个命令按钮，然后编写如下事件过程：

```
Private Sub Commandl_Click()
Dim a As   Single
```

```
Dim b As    Single
a=5
b=2
S a,b
Print a,b
End Sub
```
程序运行后，单击命令按钮，输出结果是（   ）。

A. 5　2　　　　　　B. 1　1　　　　　　C. 1.25　4　　　　　　D. 2.5　1

21. 下列程序段的执行结果为（   ）。

```
A=0：B=1
A=A+B：B=A+B：Print A；B
A=A+B：B=A+B：Print A；B
A=A+B：B=A+B：Print A；B
```

A. 1　2　　　　　　B. 1　1　　　　　　C. 1　3　　　　　　D. 1　2
　　3　5　　　　　　　3　5　　　　　　　3　4　　　　　　　3　4
　　8　13　　　　　　8　13　　　　　　8　13　　　　　　　5　6

22. 在窗体上绘制一个命令按钮，其名称为 Command1，然后编写如下事件过程：

```
Private Sub Command1_Click()
    Dim i As Integer, x As Integer
    For i=1 To 6
        If i=1 Then x=i
        If i<= 4 Then
          x=x+1
        Else
          x=x+2
        End If
    Next i
    Print x
  End Sub
```

程序运行后，单击命令按钮，其输出结果为（   ）。

A. 9　　　　　　B. 6　　　　　　C. 12　　　　　　D. 15

23. 在 4 个字符 "D"，"z"，"A"，"9" 中，其 ASCII 码值最大的是（   ）。

A. "D"　　　　　　B. "z"　　　　　　C. "A"　　　　　　D. "9"

24. 已知 X<Y，A>B，正确表示它们之间关系的式子是（   ）。

A. Sgn(Y-X) –Sgn(A-B)<0　　　　　　B. Sgn(Y-X)-Sgn(A-B)=-2

C. Sgn(Y-X) –Sgn(A-B)=0　　　　　　D. Sgn(Y-X)-Sgn(A-B)=-1

25. 以下叙述中错误的是（   ）。

    A. 打开一个工程文件时，系统自动装入与该工程有关的窗体、标准模块等文件

    B. 当程序运行时，双击一个窗体，则触发该窗体的 DblClick 事件

    C. Visual Basic 应用程序只能以解释方式执行

    D. 事件可以由用户引发，也可以由系统引发

26. 设已经在菜单编辑器中设计了窗体的快捷菜单，某顶级菜单为 a1，且取消其 "可见" 属性。运行时，以下（   ）事件过程可以使快捷菜单的菜单项响应鼠标左键单击和右键单击。

    A. Private Sub Form_Mouse Down(Button As Integer ,Shift As Integer,_
        X As Single,Y As Single)
        If Button=2 Then PopupMenu a1,2
        End Sub

    B. Private Sub Form_Mouse Down(Button As Integer ,Shift As Integer,_
        X As Single,Y As Single)
        PopupMenu a1,0
        End Sub

    C. Private Sub Form_Mouse Down(Button As Integer ,Shift As Integer,_
        X As Single,Y As Single)
        PopupMenu al
        End Sub

    D. Private Sub Form_Mouse Down(Button As Integer ,Shift As Integer,_
        X As Single,Y As Single)
        If (Button=vbLetfButton) Or (Button=vbRightButton) Then PopupMenu al
        End Sub

27. 运行以下程序后，打印机上的输出结果是（   ）。

    For I=To 9
    Printer.Print tab(I*I),I
    Next

    A. 12345678*9
        9

    B. 12345678

    C. 12345
        6789

    D. 1
        2
        3
        4

```
5
6
7
8
9
```

28. 下列程序的运行结果是（　　　　）。
```
s=0:t=0:u=0
For x=1 To 3
For y=1 To x
For z=y To 3
   s=s+1
Next z
t=t+1
Next y
u=u+1
Next x
Print s;t;u
```
  A．3 6 14   B．14 6 3   C．14 3 6   D．16 4 3

29. inputBox 函数返回值的类型为（　　　　）。
  A．数值   B．字符串
  C．变体   D．数值或字符串（视输入的数据而定）

30. 窗体上建立了一个名为 CommonDialong1 的通用对话框，用下面的语句建立一个对话框：
  CommonDialong1.action=2
  则以下语句与之等价的是（　　　　）。
  A．CommonDialon1.ShowOpen   B．CommonDialog1.ShowSave
  C．CommonDialog1.ShowColor   D．CommonDialog1.ShowFont

31. 下面叙述中不正确的是（　　　　）。
  A．若使用 Write # 语句将数据输出到文件，则各数据项之间自动插入逗号，并且将字符串加上双引号
  B．若使用 Print # 语句将数据输出到文件，则各数据项之间没有逗号分隔，且字符串不加双引号
  C．Write # 语句和 Print # 语句建立的顺序文件格式完全一样
  D．Write # 语句和 Print # 语句均实现向文件写入数据

32. 如果要将窗体中的某个命令按钮设置成无效状态，应该设置命令按钮的（　　　　）属性。
  A．Value   B．Visible   C．Enabled   D．Default

33. 能触发滚动条 Scorll 事件的操作是（　　　　）。

    A. 拖动滚动条中滑块　　　　　　　　　　B. 单击滚动条中滑块

    C. 单击滚动条两端箭头　　　　　　　　　D. 单击箭头与滑块之间的滚动条

34. 执行下列语句后整型变量 a 的值是（　　　　）。

```
If(3-2)>2 Then
a=10
ElseIf(10/2)=6 Then
a=20
Else
a=30
End If
```

    A. 10　　　　　　　　B. 20　　　　　　　　C. 30　　　　　　　　D. 不确定

35. 执行以下 Commaandl 的 Click 事件过程在窗体上显示（　　　　）。

```
Option Base 0
Prinvate Sub Commandl_Clcik( )
Dim  a
a=Array("a"，"b"，"c"，"d"，"e"，"f"，"g")
Print a(l);a(3);a(5)
End Sub
```

    A. abc　　　　　　　　B. bdf　　　　　　　　C. ace　　　　　　　　D. 出错

二、填空题

请将答案分别写在答题卡中序号为【1】至【15】的横线上，答在试卷上不得分。

1. 有时候需要暂时关闭计时器，这可以通过【1】属性来实现。

2. 【2】的任务是诊断和改正程序中的错误。

3. A 的绝对值大于等于 B 同时不等于 C 的布尔表达式是【3】。

4. 在窗体上画一个文本框（其 Name 属性为 Textl），编写如下事件过程，运行结果是【4】。

```
Private Sub Form_Load( )
  Textl.Text=" "
  Textl.SetFocus
  For i=l To 10
    Sum=Sum+i
  Next i
```

```
Text1.Text=Sum
End Sub
```

5. 控件被拖动时显示的图标是由控件的【5】属性决定的。

6. 将变量 SUMI、SUM2 定义为单精度型，写出相的定义语句【6】。

7. 当用户建立窗体文件时，都会产生【7】。

8. 计时器控件能有规律的以一定时间间隔触发【8】事件，并执行该事件过程中的程序代码。

9. 下列程序的输出结果为【9】。
```
num=2
While num<=3
num=num+1
Print num
Wend
```

10. 设有如下程序
```
Private Sub Search(a()As Variant, ByVal key As Variant, index%)
    Dim I%
    For I=LBound(a) To UBound(a)
    If key=a(I) Then
    Index=I
    Exit Sub
    End If
    Next I
    Index=-1
End Sub
Private Sub Form_Load()
    Show
    Dim b() As Variant
    Dim n As Integer
    b=Array(1,3,5,7,9, 11, 13, 15)
    Call Search(b, 11, n)
    Print n
End Sub
```
程序运行后，输出结果是【10】。

11. 执行下列程序，输入数字 3，则输出结果为【11】。

```
Private Sub Command1_Click( )
a=InputBox(″ Input a Number″)
If a>5 Then
    GoTo L5
ElseIf a>2 Then
    GoTo L2
Else
    GoTo L3
End If
Exit Sub
L5:
Print a Mod5
Exit Sub
L3:
Print a Mod 3
Exit Sub
L2:
Print a Mod 2
End Sub
```

12. 以下程序的功能是：把当前目录下的顺序文件 smtext1.txt 的内容读入内存，并在文本框 Text1 中显示出来。请填空。

```
Private Sub Command1_Click()
Dim inData As String
Text1.Text=""
Open ".\smtext1.【12】 As #1
Do While【13】
Input # 1,inData
Text1.Text=Text1.Text&inData
Loop
Close # 1
End Sub
```

13. 窗体中有图片框（Picture1）和计时器（Timer1）两个控件。运行程序时，将图片加载到图片框中，然后图片框以每 2 秒钟一次的速度向窗体的右下角移动，每次向下、向右移动 100twip。请填空。

```
Private Sub Form_Load( )
Prcture1_Picture=LoadPicture（″ c:\pic\mouth.ico″）
【14】.Interva=2000
End Sub
```

```
Prinvate Sub Timer1_Timer( )
    Static x,y As Integer
    x=x+100
    y=y+100
    Pictuer1.Move[x,y]
  End Sub
```

14. 语句 Print〃 Int(-13.2)=〃;Int(-13.2)的输出结果为【15】。

第 25 套

一、选择题

下列各题 A、B、C、D 四个选项中，只有一个选项是正确的，请将正确选项涂写在答题卡相应位置上，答在试卷上不得分。

1. Sub 过程与 Function 过程最根本的区别是（ 　 ）。
   - A. Sub 过程名称与 Function 过程名称的格式不统一
   - B. Function 过程可以有参数，Sub 过程不可以
   - C. 两种过程参数的传递方式不同
   - D. Sub 过程的过程名称不能有返回值，而 Function 过程能通过过程名称得到返回值

2. 下列选项中不符合良好程序设计风格的是（ 　 ）。
   - A. 源程序要文档化
   - B. 数据说明的次序要规范化
   - C. 避免滥用 goto 语句
   - D. 模块设计要保证高耦合、高内聚

3. 下面程序运行后输出结果是（ 　 ）。
   ```
   For I=l to  2
     S=1
     For j=0 to I –1
       S=S+S*I
     Next j
     Print S
   Next I
   ```
   - A. 1
        1
   - B. 0
        2
   - C. 2
        9
   - D. 6

4. 窗体的隐藏和删除，分别用在不同的场合，隐藏 Form1 和删除 Form1 的命令是（ 　 ）。
   - A. Hide Form1 Unload Form1
   - B. Form1.Hide Form1.Unload
   - C. Form1.Hide Unload Form1
   - D. Hide Form1 Form1.Unload

5. 程序的基本控制结构是（ 　 ）。
   - A. Do-Loop 结构、Do-Loop While 结构和 For-Next 结构
   - B. 子程序结构，自定义函数结构
   - C. 顺序结构，选择结构和循环结构
   - D. 单行结构，多行结构和多分支结构

6. 函数 String(n,"str")的功能是（　　　　）。

    A. 把数值型数据转换为字符串

    B. 返回由 n 个字符组成的字符串

    C. 从字符串中取出 n 个字符

    D. 从字符串中第 n 个字符的位置开始取子字符串

7. 以下关于菜单的叙述中，错误的是（　　　　）。

    A. 在程序运行过程中可以增加或减少菜单项

    B. 如果把一个菜单项的 Enabled 属性设置为 False，则可删除该菜单项

    C. 弹出式菜单在菜单编辑器中设计

    D. 利用控件数组可以实现菜单项的增加或减少

8. 下列程序段的执行结果为（　　　　）。

```
Dim m(10),n(10)
I=3
For t=1 to 5
M(t)=t
N(I)=2*I+t
Next t
Print n(I)；m(I)
```

    A. 3　11   B. 3　15   C. 11　3   D. 15　3

9. 下列程序段的执行结果为（　　　　）。

```
a=6
For k=1 To 0
    a=a+k
Next k
Print k；a
```

    A.　-1 6   B.　-1 16   C.　1 6   D.　11 21

10. 下列各种形式的循环中，输出"*"的个数最少的循环是（　　　　）。

    A. a=5：b=8   B. a=5：b=8

```
Do                          Do
 Print″*″                    Print″*″
  a=a+l                       a=a+1
Loop While a<b              Loop Until a<b
```

    C. a=5：b=8   D. a=5：b=8

```
Do Until a-b                Do Until a>b
 Print″*″                    Print″*″
  b=b+1                        a=a+1
```

11. 在窗体上画一个名称为 Command1 的命令按钮和两个名称分别为 Text1、Text2 的文本框，
然后编写如下事件过程：

```
Private Sub Command1_Click()
    n = Text1.Text
    Select Case n
        Case 1 To 20
            x = 10
        Case 2, 4, 6
            x = 20
        Case Is < 10
            x = 30
        Case 10
            x = 40
    End Select
    Text2.Text = x
End Sub
```

程序运行后，如果在文本框 Text1 中输入 10，然后单击命令按钮，则在 Text2 中显示的
内容是（   ）。

A．10   B．20   C．30   D．40

12. 在窗体上画一个名称为 Command1 的命令按钮，然后编写如下事件过程：

```
Private Sub Command1_Click()
    Move 500,500
End Sub
```

程序运行后，单击命令按钮，执行的操作为（   ）。

A．命令按钮移动到距窗体左边界、上边界各 500 的位置

B．窗体移动到距屏幕左边界、上边界各 500 的位置

C．命令按钮向左、上方向各移动 500

D．窗体向左、上方向各移动 500

13. 在窗体上画一个命令按钮，其名称为 Command1，然后编写如下事件过程：

```
Private Sub Command1_Click()
    a = 12345
    Print Format$ (a, "000.00")
End Sub
```

程序运行后，单击命令按钮，窗体上显示的是（   ）。

A．123.45   B．12345.00   C．12345   D．00123.45

14. 已知数组 a(1 To 10)As Integer,下面调用 GetValue 函数正确的是（　　　）。

    Private Function GetValue(a() As Integer) As Integer

    For i=1 To 10

    　Get Value=GetValue+a(i)

    Next i

    End Function

    A．S=GetValue(a(1 T0 10))　　　　　　B．S=GetValue(a)

    C．S=GetValue(a(10))　　　　　　　　D．S=GetValue a

15. 计算 z 的值，当 x 大于等于 y 时，z=x；否则 z=y。下列语句错误的是（　　　）。

    A．If x>=y Then z=x：z=y　　　　　　B．If x>=y Then z=x Else z=y

    C．z=y：If x>=y Then z=x　　　　　　D．If x<=y Then z=y Else z=x

16. 在窗体上画一个名称为 Command1 的命令按钮，然后编写如下事件过程：

    Private Sub Command1_Click()

    　　Static x As Integer

    　　Cls

    　　For i=1 To 2

    　　　　y =y+x

    　　　　x=x+2

    　　Next

    　　Print x, y

    End Sub

    程序运行后，连续三次单击 Command1 按钮后，窗体上显示的是（　　　）。

    A．4　2　　　　　　B．12　18　　　　　　C．12　30　　　　　　D．4　6

17. 设有如下程序段：

    x=2

    For i= 1 To 10 Step 2

    　x= x+i

    Next

    运行以下程序后，x 的值是（　　　）。

    A．26　　　　　　　B．27　　　　　　　C．38　　　　　　　D．57

18. 设有如下语句：

    str1=IntputBox(″输入″,″ ″,″练习″)

    从键盘上输入字符串"示例"后，str1 的值是（　　　）。

    A．″输入″　　　　　　　　　　　　　　B．″″

    C．″练习″　　　　　　　　　　　　　　D．″示例″

19. 以下（　　　）程序段可以实施 X、Y 变量值的互换。

    A．Y=X：X=Y
            B．Z=X：Y=Z：X=Y

    C．Z=X：X=Y：Y=Z
        D．Z=X：W=Y：Y=Z：X=Y

20. 在窗体上添加一个文本框，名为 text1，然后编写如下的 load 事件过程，则程序的运行结果是（　　　）。

```
Private Sub Form_Load
    Text1.Text=″ ″
    Text1.SetFocus
    For k=l to 5
        t=t*k
    Next k
    Text1.Text=t
End Sub
```

    A．在文本框中显示 120
       B．文本框中仍为空

    C．在文本框中显示 1
        D．出错

21. 下列表达式中，（　　　）的运算结果与其他 3 个不同。

    A．log(Exp(-3.5))
      B．Int(-3.5)+0. 5

    C．-Abs(-3.5)
        D．Sin(30*3.14/180)

22. 在窗体上绘制一个命令按钮和一个文本框，名称分别为 Command1 和 Text1，然后编写如下程序：

```
Private Sub Command1_Click()
    a=InputBox("请输入日期(1~31)")
    t="旅游景点："_
        &IIf(a > 0 And a <= 10, "长城", "") _
        &IIf(a > 10 And a <= 20, "故宫", "") _
        &IIf(a > 20 And a <= 31, "颐和园", "")
    Text1.Text=t
End Sub
```

程序运行后，如果从键盘上输入 16，则在文本框中显示的内容是（　　　）。

    A．旅游景点：长城故宫
      B．旅游景点：长城颐和园

    C．旅游景点：颐和园
        D．旅游景点：故宫

23. andomize 语句的功能是（　　　）。

    A．产生个（0，1）之间的随机小数
      B．产生一个[1，10]之间的随机整数

    C．产生一个（-1，1）之间的随机小数
    D．产生新的随机整数

24. 在窗体上画一个名称为 TxtA 的文本框，然后编写如下的事件过程：

```
Private Sub TxtA_KeyPress(key Ascii As Integer)
...
End Sub
```

若焦点位于文本框中，则能够触发 KeyPress 事件的操作是（   ）。

A．单击鼠标　　　　　　　　　　　　B．双击文本框

C．鼠标滑过文本框　　　　　　　　　D．按下键盘上的某个键

25．在窗体上画两个文本框，其名称分别为 Textl 和 Text2，然后编写如下程序：

```
Private Sub Form_Load()
    Show
    Textl.Text=""
    Text2.Text=""
    Textl.SetFocus
End Sub
Private Sub Text1_Change()
    Text2.Text=Mid(Text1.Text,8)
End Sub
```

程序运行后，如果在文本框 Textl 中输入 BeijingChina，则在文本框 Text2 中显示的内容是（   ）。

A．BeijingChina　　　B．China　　　　　C．Beijing　　　　　D．BeijingC

26．不能脱离控件(包括窗体)而独立存在的过程是（   ）。

A．事件过程　　　　B．通用过程　　　　C．Sub 过程　　　　D．函数过程

27．在一个窗体上添加一命令按钮控件，名为 Command1，事件过程如下，则该过程的执行结果是（   ）。

```
option base 1
Private Sub Command1_Click( )
        Dim a(5) As Integer
        Dim k As Integer
        Dim total As Integer
        a(1)=2
        a(2)=5
        a(3)=4
        a(4)=10
        a(5)=6
        For k=1 To 5
            total=total+a(k)
        Next k
        Print total
```

End Sub

    A. 10   B. 15   C. 27   D. 35

28. 使用 ReDim Preserve 可以改变数组（　　　）。
    A. 最后一维的大小   B. 第一维的大小
    C. 所有维的大小   D. 改变维数和所有维的大小

29. 窗体上有名称分别为 Text1、Text2 的 2 个文本框，有一个由 3 个单选按钮构成的控件数组 Option1，如图 1 所示。程序运行后，如果单击某个单选按钮，则执行 Text1 中的数值与该单选按钮所对应的运算（乘以 1、10 或 100），并将结果显示在 Text2 中，如图 2 所示。为了实现上述功能，在程序中的下划线处应填入的内容是（　　　）。

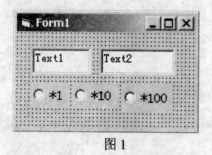
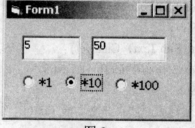

图 1   图 2

```
Private Sub Option1_Click(Index As Integer)
    If Text1.Text <> "" Then
        Select Case _____
            Case 0
                Text2.Text = Val(Text1.Text)
            Case 1
                Text2.Text = Val(Text1.Text) * 10
            Case 2
                Text2.Text = Val(Text1.Text) * 100
        End Select
    End If
End Sub
```

    A. Index   B. Option1.Index
    C. Option1(Index)   D. Option1(Index).Value

30. 在窗体上画 1 个命令按钮，名称为 Command1，然后编写如下程序：

```
Dim Flag As Boolean
Private Sub Command1_Click()
    Dim intNum As Integer
    intNum = InputBox("请输入:")
```

— 244 —

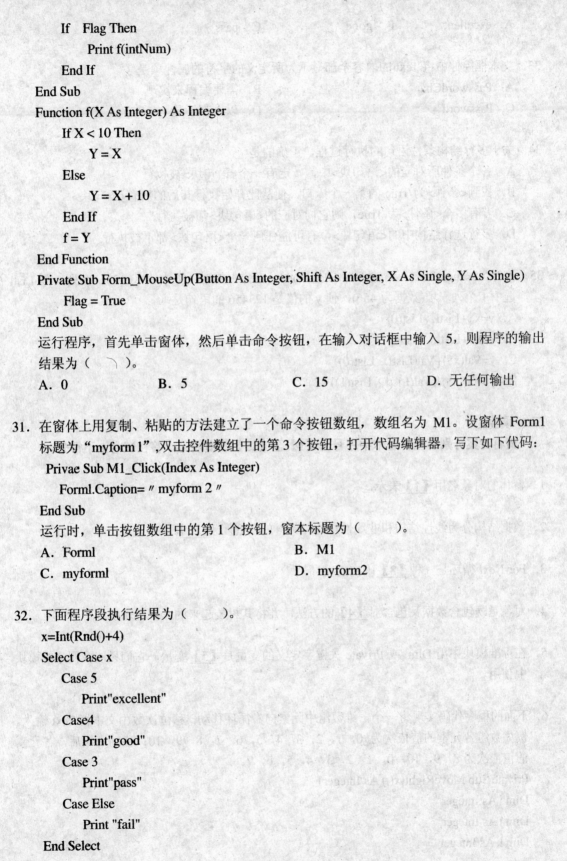

```
        If    Flag Then
            Print f(intNum)
        End If
    End Sub
    Function f(X As Integer) As Integer
        If X < 10 Then
            Y = X
        Else
            Y = X + 10
        End If
        f = Y
    End Function
    Private Sub Form_MouseUp(Button As Integer, Shift As Integer, X As Single, Y As Single)
        Flag = True
    End Sub
```

运行程序，首先单击窗体，然后单击命令按钮，在输入对话框中输入 5，则程序的输出结果为（　　）。

A．0   B．5   C．15   D．无任何输出

31．在窗体上用复制、粘贴的方法建立了一个命令按钮数组，数组名为 M1。设窗体 Form1 标题为 "myform1"，双击控件数组中的第 3 个按钮，打开代码编辑器，写下如下代码：

```
    Privae Sub M1_Click(Index As Integer)
        Forml.Caption= ″ myform 2 ″
    End Sub
```

运行时，单击按钮数组中的第 1 个按钮，窗本标题为（　　）。

A．Forml   B．M1

C．myforml   D．myform2

32．下面程序段执行结果为（　　）。

```
x=Int(Rnd()+4)
Select Case x
    Case 5
        Print"excellent"
    Case4
        Print"good"
    Case 3
        Print"pass"
    Case Else
        Print "fail"
End Select
```

A. excellent   B. good   C. pass   D. fail

33. 文本框控件中将 Text 的内容全部显示为所定义的字符的属性项是（   ）。
    A. PasswordChar   B. 需要编程来实现
    C. Password   D. 以上都不是

34. 关于多行结构条件语句的执行过程，正确的是（   ）。
    A. 各个条件所对应的<语句块>中，一定有一个<语句块>被执行
    B. 找到<条件>为 True 的第一个入口，便从此开始执行其后的所有<语句块>
    C. 若有多个<条件>为 True，则它们对应的<语句块>都被执行
    D. 多行选择结构中的<语句块>，有可能任何一个<语句块>都不被执行

35. 执行 x$=InputBox("请输入 x 的值")时，在弹出的对话框中输入 123，在列表框 List1
    选中 1 个列表项（数据为 456），使 y 的值是 123456 的语句是（   ）。
    A. y=x$+List1. List(0)
    B. y=x$+List1. List(1)
    C. y=Val(x$)+Val(List1. List(0))
    D. y=Val(x$)&Val(List1. List(1))

二、填空题
请将答案分别写在答题卡中序号为【1】至【15】的横线上，答在试卷上不得分。

1. 窗体的对象名用【1】表示。

2. 数据结构分为线性结构和非线性结构，带链的队列属于【2】。

3. For-Next 循环是一种【3】确定的循环。

4. 对象是既包含数据又包含对【4】的方法，并将其封装起来的一个逻辑实体。

5. 在标准模块中用 Dim 或 Private 关键字定义的变量是【5】变量，它们只能在程序的模块
   中使用。

6. 下面的程序代码实现将一个一维数组中元素向右循环移动，移位次数由文本框 Text 输入。
   例如数组各元素的值依次为 0, 1, 2, 3, 4, 5, 6, 7, 8, 9, 10；移动三次后，各元素
   的值依次为 8, 9, 10, 0, 1, 2, 3, 4, 5, 6, 7。
   Private Sub MoveRight(x( ) As Integer)
   Dim i As Integer
   Dim j As Integer
   Dim k As Integer

```
    i=UBound(x)
    j=x(i)
    For k=i To 【6】 Step –1
        【7】
    Next k
    x(LBound(x))=j
End Sub
Private Sub Command1_Click( )
Dim a(10)As Integer
Dim i As Integer
Dim j As Integer
Dim k As Integer
For i=0 To 10
    a(i)=i
Next i
j=Val(Text1.Text)
k=0
Do
k=k+1
        Call MoveRight(a)
Loop Until k=j
For i=0 To 10
    Print a(i);
Next i
End Sub
```

7. 在窗体上画两个文本框和一个命令按钮，然后在代码窗口中编写如下事件过程：

```
    Private Sub Commandl_Click( )
        Textl.Text=" VB Programming"
        Text2.Text=Textl.Text
        Text1.Text=" ABCD"
    End Sub
```

程序运行后，单击命令按钮，两个文本框中显示的内容分别为【8】和【9】。

8. 在窗体上画一个标签（名称为 Label1）和一个计时器（名称为 Timer1），然后编写如下几个事件过程：

```
Private Sub Form_Load()
Timer1.Enabled=False
Timer1.Interval= 【10】
End Sub
```

```
Private Sub Form_Click()
Timer1.Enabled=【11】
End Sub
Private Sub Timer1_Timer()
Label1.Caption=【12】
End Sub
```

程序运行后，单击窗体，将在标签中显示当前时间，每隔 1 秒钟变换一次（见下图）。请填空。

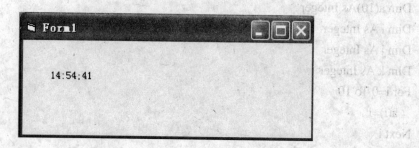

9. 执行下面的程序段后，b 的值为【13】。
```
a=800
b=30
a=a+b
b=a-b
a=a-b
```

10. 以下程序的功能是将多维数组 a(1 To m, 1 To n)中的元素转移到一个名为 b(1 To n*m)的一维数组中，完成该程序。
```
Option Base 1
Private Sub Command1_Click (Index As Integer)
Dim a(1 To 20, 1 To 10)
Dim b( )
ReDim b(1 To 200)
For i=1 To 20
  For j=1 To 10
    A(i,j)=i*j
  Next j
Next i
Tran a,20,10 b
End Sub
Sub Tran(a( ),m,n,b( ))
Dim i As Integer
For i=1 To m
```

```
      For j=1 To n
          【14】=a(i,j)
      Next j
      Next i
      End Sub
```

11. 在窗体上画一个名称为 Command1 的命令按钮，然后编写如下事件过程：

```
Private Sub Command1_Click()
        n = 5
        f = 1
        s = 0
        For i = 1 To n
            f = f 【15】
            s = s + f
        Next
        Print s
End Sub
```

该事件过程的功能是计算 $s = 1 + \dfrac{1}{2!} + \dfrac{1}{3!} + ... + \dfrac{1}{n!}$ 的值。请填空。

附录 参考答案

第1套

一、选择题

1.D	2.B	3.D	4.D	5.D	6.A	7.B	8.C	9.C	10.A
11.B	12.B	13.D	14.B	15.C	16.D	17.B	18.A	19.C	20.A
21.C	22.B	23.B	24.D	25.C	26.D	27.B	28.A	29.D	30.A
31.A	32.A	33.A	34.B	35.C					

二、填空题

【1】 组合框或组合

【2】 单精度

【3】 相邻

【4】 Font

【5】 True

【6】 Multiline

【7】 Interval

【8】 Font 或 FontName 或 Font.Name

【9】 True

【10】 True

【11】 ReDim a (m,n)As Integer

【12】 b(n,m)As Integer a(I,j)

【13】 15

【14】 D+A：ID=ID+1

【15】 a(i) =a(5-i)

第2套

一、选择题

1.A	2.C	3.C	4.B	5.A	6.C	7.C	8.B	9.A	10.C
11.D	12.D	13.C	14.B	15.A	16.B	17.C	18.C	19.C	20.A
21.C	22.B	23.D	24.D	25.B	26.B	27.B	28.B	29.A	30.A

31.C   32.B   33.B   34.C   35.B

二、填空题

【1】调整程序运行时窗体显示的位置

【2】在运行时设计是无效的

【3】软件生命周期

【4】Shift 或 Ctrl

【5】Main 子过程

【6】MouseDown 或 MouseUp

【7】DragMode

【8】False

【9】Int(Rnd * 99+1)

【10】T

【11】a(3)

【12】I>=J

【13】10

【14】Text1.Text 或 Text1 或 Form1.Text1.Text 或 Form1.Text1 或 Me.Text1.Text 或 Me.Text1

【15】Print # 1,Mid (text1.text,I,1)

第3套

一、选择题

1.D	2.C	3.D	4.D	5.B	6.B	7.C	8.B	9.A	10.A
11.D	12.D	13.B	14.B	15.D	16.B	17.B	18.D	19.A	20.D
21.C	22.B	23.C	24.B	25.C	26.D	27.C	28.C	29.B	30.D
31.B	32.A	33.C	34.A	35.B					

二、填空题

【1】接受用户作出的响应，作为程序继续执行的依据。

【2】变体

【3】$Log_2 n$

【4】有穷性

【5】&

【6】数字

【7】Private

【8】Type

【9】 n 或　CInt(Text1.Text) 或　CInt(Text1) 或　Text1.Text 或　Val(Text1.Text) 或
　　　　Val(Text1) 或　Text1
【10】　下拉式组合框
【11】　Arr=Array(35,48,15,22,67)
【12】　For Each x In Arr
【13】　北京
【14】　i=-10
【15】　Arr=Array(35,48,15,22,67)

第 4 套

一、选择题

1.C	2.C	3 .A	4.A	5.C	6.A	7.D	8.C	9.B	10.A
11.A	12.B	13.B	14.D	15.B	16.C	17.D	18.A	19.C	20.A
21.C	22.C	23.B	24.B	25.B	26.C	27.B	28.C	29.C	30.C
31.C	32.D	33.A	34.D	35.B					

二、填空题

【1】 Auto Redraw
【2】 在运行时设计是无效的
【3】 Style
【4】 可重用性
【5】 Picture1.Picture=LoadPicture ("c:\moon.jpg")
【6】 遍历所有选项
【7】 SelText
【8】 MaxLength
【9】 42
【10】　Input #1,x
【11】　4
【12】　a<>0 And B*B-4*a*c>=0
【13】　100
【14】　1
【15】　55

第5套

一、选择题

1.C	2.B	3.D	4.D	5.B	6.A	7.B	8.A	9.A	10.D
11.D	12.B	13.A	14.C	15.D	16.D	17.B	18.C	19.C	20.A
21.C	22.B	23.A	24.B	25.A	26.B	27.A	28.B	29.A	30.C
31.D	32.D	33.B	34.A	35.C					

二、填空题

【1】部件

【2】工程（.vbp）

【3】"选项"

【4】预定义对象

【5】x(1)=9   x(2)=18   x(3)=27   x(4)=36

【6】List1.AddItem I

【7】List1.List(i) 或 Val(List1.List(i)) 或 CInt1(List1.List(i))

【8】Write #1,StuNo,StuName,StuEng

【9】a(i, j)

【10】Str(s) 或 s

【11】T*3

【12】Scroll

【13】21

【14】将当前字体放大两倍

【15】sum 或 max 或 Text1(0) 或 Text1(0).Text

第6套

一、选择题

1.D	2.B	3.A	4.A	5.D	6.D	7.D	8.A	9.A	10.B
11.D	12.C	13.B	14.B	15.A	16.D	17.D	18.C	19.C	20.D
21.D	22.D	23.D	24.A	25.D	26.B	27.C	28.B	29.D	30.B
31.C	32.C	33.B	34.B	35.A					

二、填空题

【1】内在性能

【2】打开工程

【3】输入

【4】对象

【5】3

【6】对象

【7】打印机

【8】程序和数据

【9】VB 程序设计

【10】 VB Programming

【11】 arr1(1) 或 12

【12】 Min=arr1(i)

【13】 Form1

【14】 n-r 或 Val(Text1)-Val(Text2) 或 Text1-Text2 或 Val(Text1.Text)-Val (Text2.Text) 或 Text1.Text-Text2.Text

【15】 t=1

第 7 套

一、选择题

1.D	2.D	3.B	4.D	5.B	6.D	7.C	8.D	9.D	10.B
11.C	12.A	13.B	14.C	15.C	16.A	17.A	18.D	19.B	20.D
21.B	22.D	23.B	24.A	25.D	26.C	27.C	28.D	29.A	30.B
31.B	32.D	33.D	34.D	35.B					

二、填空题

【1】 .bas 或 bas （字母不区分大小写）

【2】保留字

【3】Form 窗体

【4】按下回车键

【5】Got Focus

【6】MouseUp 方法

【7】1440twip

【8】Active 控件

【9】x Mod 4 = 1 And x Mod 5 = 2

【10】 Text 1.SetFocus

【11】 Enter

【12】 3　0　2
　　　　 1　4　20

【13】 Max=k

【14】 x(Max)

【15】 S1=24   S2=360

第8套

一、选择题

1.B	2.A	3.C	4.A	5.B	6.D	7.C	8.A	9.C	10.B
11.D	12.C	13.A	14.D	15.B	16.A	17.C	18.C	19.D	20.D
21.C	22.C	23.A	24.A	25.B	26.D	27.A	28.B	29.B	30.D
31.C	32.A	33.A	34.C	35.A					

二、填空题

【1】视图

【2】对象框

【3】Shanghai

【4】LstBooks.AddItem″Visual Basic 程序设计″

【5】(x+y)^4

【6】下拉式列表框（或下拉式）

【7】计算 8+7+6+5+4+3+2+1（能正确描述 1~8 累加和的任何叙述）

【8】3 6

【9】Visual Basic 中允许出现的数：3.47E-10   .368   12E3   34.75D+6   0.258

【10】PP(65 To 90)

【11】PP(n)=PP(n)+1

【12】1 2 3 1 4 1

【13】(99*Rnd)+1

【14】-5

【15】5

第9套

一、选择题

1.B	2.D	3.A	4.A	5.D	6.D	7.B	8.D	9.C	10.D
11.B	12.B	13.A	14.D	15.D	16.D	17.B	18.A	19.D	20.A
21.B	22.B	23.A	24.D	25.A	26.C	27.B	28.C	29.C	30.A
31.B	32.C	33.B	34.A	35.D					

二、填空题

【1】 纯代码性质

【2】 内聚

【3】 静态数组

【4】 下拉式列表框

【5】 算法 或 程序 或 流程图

【6】 0

【7】 x<=-5 or x>=5

【8】 Clear

【9】 Picture1.Picture=LoadPicture("pic2.gif")

【10】 s+c 或 s&c

【11】 120

【12】 Scrollbars

【13】 p16

【14】 (I-1) *10+j

【15】 16MB

第 10 套

一、选择题

1 .B	2.D	3.C	4.B	5.B	6.C	7.C	8.A	9.D	10.B
11.A	12.D	13.D	14.C	15.D	16.B	17.D	18.B	19.C	20.B
21.C	22.D	23.D	24.A	25.B	26.B	27.B	28.B	29.A	30.A
31.C	32.A	33.C	34.B	35.D					

二、填空题

【1】 Caption

【2】 工程

【3】 .ocx

【4】 X1-Abs(A)+Log(10)+Sin(X2+2*3.14)/Cos(57*3.14/180)

【5】 关系 或 关系表

【6】 12345.68

【7】 Change

【8】 &H1B

【9】 &033

【10】 消息

【11】 属性窗口

【12】 our

【13】 is

【14】 123445

【15】 DialogTitle

第 11 套

一、选择题

1.C	2.B	3.C	4.D	5.D	6.D	7.A	8.C	9.A	10.C
11.A	12.D	13.D	14.B	15.B	16.B	17.B	18.B	19.D	20.A
21.B	22.D	23.B	24.B	25.A	26.D	27.C	28.C	29.B	30.B
31.A	32.B	33.D	34.B	35.A					

二、填空题

【1】 编辑

【2】 19

【3】 调试 或 程序调试 或 软件调试 或 Debug(英文字母大小写均可)

【4】 10, 10   58, 58

【5】 n

【6】 Sn = Sn+s

【7】 Case

【8】 13

【9】 For m=1 to n-1

【10】 2

【11】 text1

【12】 =

【13】 20

【14】 b<c

【15】 Form2.Show vbModeless,Form3

第 12 套

一、选择题

1.C	2.D	3.A	4.B	5.B	6.C	7.C	8.A	9.D	10.A
11.D	12.B	13.A	14.A	15.C	16.C	17.D	18.C	19.A	20.C
21.B	22.A	23.C	24.C	25.A	26.B	27.D	28.D	29.B	30.B
31.B	32.C	33.D	34.D	35.A					

二、填空题

【1】对象

【2】窗体（Form）

【3】Unicode

【4】True

【5】97 Step-1

【6】Locked

【7】4

【8】Text1 或 Text1.Text

【9】List1.List(k)

【10】标准 EXE 程序

【11】图形用户界面

【12】arr(i) > Max 或 arr(i) >=Max 或 Max < arr(i) 或 Max <= arr(i)

【13】arr(i) < Min 或 arr(i) <=Min 或 Min > arr(i) 或 Min >= arr(i)

【14】确定

【15】3

第 13 套

一、选择题

1.D	2.D	3.A	4.D	5.A	6.B	7.B	8.C	9.B	10.C
11.B	12.B	13.B	14.C	15.B	16.C	17.D	18.C	19.B	20.D
21.A	22.C	23.D	24.D	25.A	26.D	27.D	28.B	29.B	30.A
31.C	32.D	33.A	34.A	35.D					

二、填空题

【1】Cancel

【2】Ctrl+R

【3】Selstart

【4】存储 或 物理 或 存储结构 或 物理结构

【5】Int(Rnd * 99)

【6】x\2

【7】数值表达式或字符表达式

【8】LoadPicture

【9】12,345.68

【10】3

【11】 记录

【12】 字节

【13】 5

【14】 Ctrl+V

【15】 ″（*DOC）｜*.DOC″

第 14 套

一、选择题

1.B	2.D	3.B	4.D	5.D	6.D	7.D	8.C	9.C	10.C
11.B	12.B	13.A	14.C	15.C	16.D	17.B	18.C	19.C	20.D
21.A	22.A	23.D	24.A	25.D	26.C	27.C	28.D	29.A	30.A
31.B	32.C	33.A	34.B	35.D

二、填空题

【1】 #

【2】 True

【3】 驱动模块

【4】 30

【5】 右键

【6】 同时按下

【7】 对象的动作和行为

【8】 InterVal

【9】 该行代码有语法错误

【10】 ABCD

【11】 8

【12】 Password

【13】 Align

【14】 KeyCode=vbKeyReturn

【15】 SetFocus

第 15 套

一、选择题

1.A	2.B	3.B	4.C	5.A	6.C	7.C	8.B	9.B	10.A
11.C	12.D	13.B	14.D	15.B	16.C	17.B	18.C	19.A	20.D
21.C	22.C	23.C	24.C	25.D	26.D	27.A	28.D	29.D	30.A

31.D   32.C   33.C   34.A   35.B

二、填空题

【1】Form1
【2】空间
【3】32
【4】方法
【5】False
【6】Enabled 属性
【7】单精度
【8】Enabled
【9】Toolbar1.Buttons(2).ButtonMenus(3).Enabled=False
【10】KeyAscii
【11】"END"
【12】Text1.Text   或   Text1
【13】Style
【14】Int(Rnd*100)
【15】an(i%)>max

第 16 套

一、选择题

1.C   2.B   3.A   4.D   5.B   6.B   7.A   8.C   9.D   10.B
11.B   12.D   13.B   14.B   15.A   16.D   17.D   18.A   19.C   20.D
21.C   22.D   23.B   24.C   25.C   26.B   27.C   28.B   29.C   30.C
31.B   32.C   33.D   34.D   35.D

二、填空题

【1】数据库系统 或 数据库系统阶段 或 数据库 或 数据库管理技术阶段
【2】较小
【3】Left
【4】代码
【5】静态分析
【6】标题
【7】–
【8】Dir1.Path=Drive1.Drive,File1.Path=Dir1.path
【9】工程

【10】 部件
【11】 1-Fixed Single

【12】 函数

【13】 键面字符的 ASCII 码

【14】 下档

【15】 Print #1,i

第 17 套

一、选择题

1.B	2.A	3.D	4.B	5.D	6.C	7.A	8.C	9.C	10.B
11.D	12.A	13.C	14.D	15.D	16.C	17.B	18.C	19.C	20.C
21.B	22.A	23.D	24.B	25.D	26.C	27.C	28.C	29.C	30.A
31.B	32.B	33.D	34.A	35.A					

二、填空题

【1】 单选按钮

【2】 Ctrl

【3】 25

【4】 −36

【5】 物理独立性

【6】 Enabled

【7】 Ctrl+S

【8】 程序模块文件

【9】 少

【10】 Combo1.List(i)

【11】 AddItem

【12】 new1

【13】 b

【14】 Int(Rnd*99+1)

【15】 Sum+x

第 18 套

一、选择题

1.A	2.C	3.D	4.B	5.D	6.C	7.B	8.A	9.C	10.D
11.D	12.B	13.A	14.B	15.C	16.D	17.C	18.B	19.C	20.B

21.B   22.B   23.A   24.C   25.D   26.B   27.B   28.A   29.D   30.D
31.D   32.B   33.B   34.A   35.C

二、填空题

【1】一个记录

【2】45

【3】关系 或 关系表

【4】Picture

【5】0

【6】完成某种特定功能

【7】#2 文件的长度

【8】123

【9】6 – i

【10】 整个程序的所有模块

【11】 定义该变量的窗体

【12】 j Mod 13=1 And j Mod 23=2 And j Mod 43=3

【13】 Until i=2 或 Until i>=2

【14】 KeyPress

【15】 Combo1.List(i)

第 19 套

一、选择题

1.A   2 .A   3 .B   4 .A   5 .A   6 .C   7 .A   8 .B   9 .A   10.D
11.C   12.A   13.C   14.A   15.B   16.A   17.C   18.C   19.B   20.C
21.D   22.C   23.D   24.C   25.C   26.C   27.A   28.D   29.D   30.C
31.C   32.A   33.B   34.A   35.D

二、填空题

【1】类

【2】ASCII

【3】对象的性质，用来描述和反应对象特征的参数

【4】Ctrl

【5】不会执行循环体

【6】3

【7】255

【8】MDI 父窗体

【9】9

【10】 Picture

【11】 If 后的<条件>及其对应的<语句块>

【12】 5

【13】 3.141593

【14】 Select Case x

【15】 Case Eles

第 20 套

一、选择题

1.D	2.B	3.D	4.B	5.C	6.C	7.D	8.C	9.B	10.C
11.A	12.D	13.A	14.A	15.B	16.B	17.C	18.A	19.A	20.A
21.A	22.C	23.B	24.C	25.D	26.B	27.B	28.B	29.D	30.C
31.B	32.C	33.B	34.A	35.B					

二、填空题

【1】窗体

【2】Click

【3】or（或）

【4】内部（标准）

【5】-54

【6】事件

【7】3

【8】样式

【9】10

【10】 A((i - 1) * 10 + j)

【11】 0

【12】 98+1

【13】 Int(X/2)或 X\2

【14】 0

【15】 List1.ListIndex

第 21 套

一、选择题

| 1.A | 2.B | 3.B | 4.D | 5.C | 6.B | 7.A | 8.A | 9.B | 10.C |

11.C	12.A	13.A	14.B	15.B	16.D	17.A	18.A	19.B	20.B
21.A	22.B	23.D	24.D	25.D	26.D	27.A	28.D	29.B	30.C
31.B	32.D	33.B	34.A	35.B					

二、填空题

【1】数组

【2】或(or)

【3】打开对话框

【4】对象浏览器

【5】Print #1 ″Hello world″

【6】将当前字体放大 2 倍

【7】Change 或 KeyPress 或 KeyDown 或 KeyUp

【8】数值型或字符型

【9】Print "表现普通！"

【10】"123456789"

【11】Do-Loop[While|Until<条件>]

【12】N>Max

【13】S-Max-Min

【14】Max

【15】Max=arr1(i)

第 22 套

一、选择题

1.D	2.C	3.C	4.C	5.B	6.B	7.D	8.A	9.B	10.B
11.D	12.B	13.B	14.A	15.D	16.C	17.D	18.A	19.A	20.C
21.C	22.B	23.B	24.A	25.B	26.A	27.D	28.D	29.C	30.C
31.D	32.B	33.D	34.D	35.C					

二、填空题

【1】可视化的图形

【2】对象

【3】ControlBox

【4】LoadPicture

【5】ASCII 码

【6】38492

【7】工程

【8】Click
【9】256.36
【10】And
【11】30
【12】70
【13】S(i,j)=1
【14】S(i,j)=0
【15】S(i,j)

第 23 套

一、选择题

1.B	2.B	3.B	4.A	5.A	6.A	7.C	8.B	9.B	10.B
11.C	12.D	13.D	14.C	15.A	16.C	17.B	18.D	19.D	20.D
21.A	22.D	23.A	24.B	25.B	26.C	27.A	28.C	29.D	30.A
31.D	32.A	33.A	34.A	35.C					

二、填空题

【1】2
【2】字母
【3】记录 或 元组
【4】栈 或 Stack
【5】Show
【6】Val(Text1.Text)
【7】Label1.Caption
【8】Input
【9】Not EOF(1) 或 EOF(1) = False 或 EOF(1) <> True
【10】Check1.Value
【11】FontItalic
【12】FontItalic
【13】BASIC
【14】5
【15】互换两数

第 24 套

一、选择题

1. C	2. A	3. C	4. A	5. C	6. A	7. C	8. B	9. B	10. D
11. A	12. C	13. B	14. A	15. C	16. C	17. B	18. C	19. B	20. D
21. A	22. A	23. B	24. C	25. C	26. A	27. D	28. B	29. B	30. B
31. C	32. C	33. A	34. C	35. B					

二、填空题

【1】 Enabled

【2】 调试（阶段） 或 程序调试（阶段）或 软件调试（阶段） 或 Debug（阶段）

【3】 Abs(A)>=B And Abs(A)<>C

【4】 出错

【5】 DragIcon

【6】 Dim Sum1 As Single, Sum2 As single

【7】 相应的工程文件

【8】 Timer

【9】 3
     4

【10】 5

【11】 1

【12】 For Input

【13】 Not EOF(1)

【14】 Timer1

【15】 Int(-13.2)=-14

第 25 套

一、选择题

1. D	2. D	3. C	4. C	5. C	6. B	7. B	8. C	9. C	10. C
11. A	12. B	13. B	14. B	15. A	16. B	17. B	18. D	19. C	20. D
21. D	22. D	23. D	24. D	25. B	26. A	27. C	28. A	29. A	30. B
31. D	32. B	33. A	34. D	35. A					

二、填空题

【1】 Form

【2】 线性结构

　　循环次数

　　数据进行操作

【5】 局部　　标准

【6】 LBound(x)+1

【7】 x(k)=x(k-1)

【8】 ABCD

【9】 VB Programming

【10】 1000

【11】 True 或任何非 0 数值

【12】 Time 或 Time$

【13】 800

【14】 b((i-1)*n+j)

【15】 /i 或*1/i